WEKA

PRAXISLÖSUNGEN

Markus Fiedler

Baustellenguide VOB 2016 kompakt

IMPRESSUM

Bibliografische Information der Deutschen Nationalbibliothek
Die Deutsche Nationalbibliothek verzeichnet diese Publikation in der Deutschen Nationalbibliografie; detaillierte bibliografische Daten sind im Internet über http://dnb.d-nb.de abrufbar.

Wichtiger Hinweis
Die WEKA MEDIA GmbH & Co. KG ist bemüht, ihre Produkte jeweils nach neuesten Erkenntnissen zu erstellen. Deren Richtigkeit sowie inhaltliche und technische Fehlerfreiheit werden ausdrücklich nicht zugesichert. Die WEKA MEDIA GmbH & Co. KG gibt auch keine Zusicherung für die Anwendbarkeit bzw. Verwendbarkeit ihrer Produkte zu einem bestimmten Zweck. Die Auswahl der Ware, deren Einsatz und Nutzung fallen ausschließlich in den Verantwortungsbereich des Kunden.

WEKA MEDIA GmbH & Co. KG
Sitz in Kissing
Registergericht Augsburg
HRA 13940

Persönlich haftende Gesellschafterin:
WEKA MEDIA Beteiligungs-GmbH
Sitz in Kissing
Registergericht Augsburg
HRB 23695
Geschäftsführer: Stephan Behrens, Michael Bruns, Werner Pehland

WEKA MEDIA GmbH & Co. KG
Römerstraße 4, D-86438 Kissing
Fon 0 82 33.23-40 00
Fax 0 82 33.23-74 00
service@weka.de
www.weka.de

Umschlag geschützt als Geschmacksmuster der
WEKA MEDIA GmbH & Co. KG
Satz: WEKA MEDIA GmbH & Co. KG
Druck: Kessler Druck + Medien GmbH & Co. KG, 86399 Bobingen
Printed in Germany 2016

ISBN 978-3-8111-3504-8

Inhaltsverzeichnis

1 Ausführung

1/1 Die häufigsten Fehler bei der Ausführung

Als Auftraggeber bzw. Architekt/Ingenieur sollten Sie folgende Fehler vermeiden:

1. Im Vertrag wird die Planungsverantwortung nicht eindeutig geregelt

Der Auftraggeber sollte im eigenen Interesse im Bauvertrag klar regeln, ob und ggf. welche Ausführungsunterlagen bzw. -pläne er zur Verfügung stellt. Möchte der Auftraggeber keine oder nur bestimmte Planungsleistungen erbringen, so muss er dies vor allem beim VOB/B-Vertrag klar und eindeutig regeln. Andernfalls nämlich würde der Grundsatz des § 3 Abs. 1 VOB/B gelten, nachdem der Auftraggeber dem Auftragnehmer die „für die Ausführung **notwendigen** Unterlagen … unentgeltlich" zu übergeben hat. Soll von diesem VOB/B-Regelfall im Einzelfall abgewichen werden, so bedarf es einer klaren und eindeutigen Regelung im Bauvertrag.

Es wäre z.B. ohne Weiteres zulässig, im Bauvertrag zu vereinbaren, dass der Auftraggeber nur ganz bestimmte Pläne stellt, der Auftragnehmer aber alle anderen Planungsaufgaben übernehme. Die vom Auftraggeber übergebenen Pläne sollten mit ihrer konkreten Planbezeichnung im Vertrag genannt werden.

2. Planbeistellfristen

Erbringt der Auftraggeber – wie im Regelfall – die Planungsleistungen, so empfiehlt sich regelmäßig die Vereinbarung von Planbeistellfristen. Die Parteien vereinbaren also, wann der Auftraggeber welchen Plan zu übergeben hat.

Solche Regelungen führen für beide Seiten zu Rechtssicherheit. Der Auftraggeber weiß genau, zu welchem Zeitpunkt er welchen Plan liefern muss, um den Bauablauf nicht weiter zu behindern. Das bringt auch dem Auftraggeber Vorteile, denn der Auftragnehmer wird keine Behinderung wegen fehlender Pläne anmelden können, wenn die Pläne zum vereinbarten Zeitpunkt gestellt werden.

Richtig ist, dass der Auftraggeber mit der Vereinbarung von Planbeistellfristen auch Verpflichtungen eingeht. Wird der Plan nicht rechtzeitig geliefert, so kann der Auftragnehmer dies zum Gegenstand einer Behinderungsanzeige machen. Dieser Nachteil wird aber durch die Vorteile der Vereinbarung von Planbeistellfristen (die Rechtssicherheit) wettgemacht.

3. Es werden keine Freigabefristen vereinbart

Übernimmt der Auftragnehmer Planungsleistungen, so wird regelmäßig die Freigabe der erstellten Planungsunterlagen durch den Auftraggeber vereinbart. Auch hier ist es sinnvoll, konkrete Fristen für die Prüfung bzw. Freigabe der Pläne gut zu vereinbaren.

Das hat für den Auftraggeber den Vorteil, dass der Auftragnehmer wiederum keine Behinderung anmelden kann, solange sich der

Auftraggeber an die vereinbarten Fristen hält. Streitfälle werden dadurch von Anfang an vermieden.

4. Der Auftraggeber weiß nicht, dass der Planer sein Erfüllungsgehilfe ist

Die Planung eines Bauvorhabens ist ein komplexer Vorgang. Planungsfehler lassen sich nicht immer vermeiden. Erkennt der Bauunternehmer den Planungsfehler nicht, so realisiert sich dieser regelmäßig in Form eines Baumangels. Viele Auftraggeber vertreten dann die Ansicht, Planer und Bauunternehmer sollten sich intern über die Haftungsverteilung einigen, diese sei nicht Problem des Auftraggebers.

Dabei wird jedoch eines übersehen: Der Planer ist im Regelfall Erfüllungsgehilfe des Auftraggebers. Hat nämlich der Auftraggeber die Planungsverpflichtung gegenüber dem Auftragnehmer übernommen (wie in § 3 Abs. 1 VOB/B geregelt), dann schuldet er diesem eine mangelfreie Planung. Bedient sich der Auftraggeber zur Erfüllung dieser Verpflichtung eines Planers, so ist dieser sein Erfüllungsgehilfe. Das hat zur Folge, dass der Auftraggeber sich einen etwaigen Planungsmangel seines Planers zurechnen lassen muss (§ 278 BGB).

Der Auftragnehmer kann sich bei Planungsmängeln deshalb darauf berufen, dass die Mängelbeseitigungskosten zwischen ihm und dem Auftraggeber zu teilen sind. Zur Mängelbeseitigung muss der Auftragnehmer erst dann schreiten, wenn der Auftraggeber entweder einen entsprechenden Zuschuss in Höhe seines Anteils oder jedenfalls eine entsprechende Sicherheit geleistet hat. Solange der geforderte Zuschuss oder die geforderte Sicherheitsleistung nicht erfolgt ist, gerät der Auftragnehmer nicht mit der Mängelbeseitigung in Verzug.

Deshalb kann der Auftraggeber bei Planungsmängeln den Bauunternehmer nicht einfach an den Architekten verweisen.

5. Der Auftraggeber meint, bei Planungsfehlern hafte der Auftragnehmer immer

Auftraggeber gehen regelmäßig davon aus, dass den Auftragnehmer eine Hinweispflicht im Hinblick auf etwaige Planungsfehler träfe. Habe der Auftragnehmer nicht auf einen tatsächlich vorhandenen Planungsfehler hingewiesen, so hafte er für den daraus resultierenden Mangel.

Dieser „Kurzschluss" ist nicht in jedem Fall richtig. Übersehen wird nämlich, dass der Auftragnehmer grundsätzlich nur auf erkannte bzw. erkennbare Planungsfehler hinweisen muss. Nicht jeder Planungsfehler ist für den Auftragnehmer aber erkennbar.

Beispiel

Tief in der Statik findet sich ein Berechnungsfehler.

Es gibt deshalb keine Automatik, nach der ein Planungsfehler vom Auftragnehmer immer erkannt werden muss und immer die Haftung des Auftragnehmers auslöst. Vielmehr bleibt es eine Frage des Einzelfalls, ob der Planungsfehler für den Auftragnehmer tatsächlich erkennbar war. Regelmäßig wird sich das nur durch einen Sachverständigen klären lassen. Die Beweislast trifft insoweit allerdings den Auftragnehmer.

6. Der Bieter muss vor Auftragserteilungen nur kalkulatorisch prüfen

Bei fast jedem Bauvorhaben kommt es zu folgender Situation:

Der Auftragnehmer meldet vor der Ausführung erstmals Bedenken gegen die Planung des Auftraggebers an und stellt einen Nachtrag für eine geänderte Ausführung. Der Auftraggeber weist den Nachtrag mit dem Argument zurück, die Bedenkenanmeldung sei verspätet. Dem Auftragnehmer hätte das Problem bereits vor Angebotsabgabe klar sein und er hätte die tatsächlich notwendige Ausführung kalkulieren müssen.

Die Argumentation des Auftraggebers ist in solchen Fällen regelmäßig nicht haltbar. Den Auftragnehmer trifft vor Vertragsabschluss keine Pflicht zur detaillierten technischen Prüfung der Ausschreibungsunterlagen. Im Angebotsstadium muss sich der Bieter (letztlich im eigenen Interesse) nur darüber klarwerden, ob er die ausgeschriebenen Leistungen kalkulieren kann. Er muss noch nicht im Detail prüfen, ob sich die Leistung auch technisch mangelfrei ausführen lässt. Das ergibt sich letztlich schon aus dem Wortlaut des § 4 Abs. 3 VOB/B selbst, denn dort ist vom „Auftragnehmer" die Rede, nicht vom „Bieter".

Etwas anderes kann nur in Ausnahmefällen gelten, etwa wenn der Ausschreibungsfehler derart offensichtlich ist, dass der Auftragnehmer ihn erkannt haben muss.

7. Der Auftraggeber nimmt die Bedenkenanmeldung des Auftragnehmers nicht ernst

Als Auftraggeber sollten Sie die Bedenkenanmeldung eines Auftragnehmers immer ernst nehmen. Ignorieren Sie eine Bedenkenanmeldung, so kann der Auftragnehmer grundsätzlich trotz seiner Bedenken die Arbeiten wie vorgesehen ausführen. Realisieren sich dann die Bedenken des Auftragnehmers und kommt es deshalb zu einem Mangel, dann haftet der Auftragnehmer nicht. Er ist vielmehr allein durch die Bedenkenanmeldung von der Haftung befreit (§ 13 Abs. 3 i.V.m. § 4 Abs. 3 VOB/B). Die Konsequenz: Der Auftragnehmer muss seine mangelhafte Leistung nicht nachbessern. Er kann ganz im Gegenteil die volle vereinbarte Vergütung verlangen. Die Mängelbeseitigung muss der Auftraggeber aus eigener Tasche bezahlen.

Natürlich gibt es Auftragnehmer, die Bedenken nur anmelden, um Mehrkosten zu generieren. Keinesfalls dürfen Sie aber routinemäßig von diesem Ausnahmefall ausgehen.

8. Der Auftraggeber kennt die Problematik einer Teilkündigung nicht

In der Baubranche hat sich leider noch immer nicht das wegweisende Urteil des Bundesgerichtshofs vom 20.08.2009 (VII ZR 212/07) herumgesprochen. Dabei geht es um Folgendes:

Der Auftraggeber kann eine Kündigung grundsätzlich auf einen Teil der vereinbarten Bauleistung beschränken. Er muss nicht unbedingt das gesamte Vertragsverhältnis kündigen. Das ist insbesondere sinnvoll, wenn nur einige der vom Auftragnehmer erbrachten

Bauleistungen mangelhaft sind und der Auftraggeber das Vertragsverhältnis deshalb nicht ganz beenden möchte.

In dem oben zitierten Urteil hat der Bundesgerichtshof allerdings betont, dass Teilkündigungen allenfalls auf einen „in sich abgeschlossenen Teil der Leistung" beschränkt werden können (§ 8 Abs. 3 Nr. 1 Satz 2 VOB/B). Ein solcher selbstständiger Leistungsteil liegt nach dem vorgenannten Urteil insbesondere regelmäßig dann nicht vor, wenn es nur um einzelne Leistungen eines einheitlichen Gewerks gehe. Vielmehr könne grundsätzlich nur gewerkeweise gekündigt werde. Innerhalb eines Gewerks sei die Teilkündigung nur möglich, wenn sich Leistungen klar räumlich oder zeitlich trennen ließen (so z.B. bei mehreren Häusern).

Erklärt der Auftraggeber aber eine unzulässige Teilkündigung, so begeht er eine Vertragsverletzung. Der Auftragnehmer kann ihn zur Rücknahme der Teilkündigung auffordern und – soweit diese unterbleibt – sodann den Gesamtvertrag selbst kündigen.

Auf diese Rechtsprechung muss der Auftraggeber reagieren. Er sollte sinnvollerweise in seinen Allgemeinen Geschäftsbedingungen klarstellen, dass die Teilkündigung auch dann zulässig ist, wenn kein in sich abgeschlossener Leistungsteil betroffen ist.

1/2 Richtiges Verhalten im Streitfall

1/2.1 Hinweispflicht vor Vertragsabschluss?

Sachverhalt

Der Auftraggeber (AG) schreibt Sanitärarbeiten an einem Mehrfamilienhaus aus. Grundlage der Ausschreibung sind die von einem Fachingenieur erstellten Entwurfspläne und ein Leistungsverzeichnis. Eine Rückstauklappe wird in den Ausschreibungsunterlagen nicht erwähnt. Der spätere Auftragnehmer unterbreitet ein Angebot. Im Ergebnis wird er mit den Leistungen zu einem Pauschalpreis beauftragt. Die Entwurfspläne und das Leistungsverzeichnis werden Vertragsgrundlagen. Nach Vertragsabschluss stellt sich heraus, dass eine Rückstauklappe tatsächlich notwendig ist, um einen Rückstau aus der Kanalisation zu vermeiden. Der Auftragnehmer unterbreitet ein entsprechendes Nachtragsangebot. Der Auftraggeber lehnt dies ab. Er weist darauf hin, dass der Auftragnehmer als Fachbetrieb das Fehlen der Rückstauklappe in den Ausschreibungsunterlagen hätte erkennen müssen. Die Rückstauklappe sei aus technischen Gründen auch zwingend notwendig, ohne die Klappe sei die Leistung des Auftragnehmers mangelhaft. Ohnehin sei ein Pauschalpreis vereinbart worden.

Worauf muss der Auftraggeber achten? Was muss der Auftraggeber wissen?

Im obigen Beispielsfall stellen sich zwei Fragen:

- Muss der Auftragnehmer eine Rückstauklappe einbauen?
- Erhält er dafür eine gesonderte Vergütung?

Ausführungspflicht?

Die erste Frage ist noch vergleichsweise einfach zu beantworten. Im Grundsatz hat der Auftragnehmer eine funktionsfähige Leistung zu erbringen. Ist die Rückstauklappe zur dauerhaften Funktionsfähigkeit der Sanitäranlage notwendig, so gehört sie zu den vom Auftragnehmer geschuldeten Leistungen. Das gilt selbst dann, wenn die Rückstauklappe nicht ausdrücklich ausgeschrieben war. Die Rechtsprechung hat in den letzten Jahren immer wieder deutlich hervorgehoben, dass bei einem Werkvertrag die Funktionstauglichkeit des Werks im Vordergrund stehe. Der Auftragnehmer schulde also nicht nur die bloße Befolgung der im Leistungsverzeichnis vorgeschriebenen Arbeitsschritte (Positionen). Er schulde letztendlich ein funktionsfähiges Werk.

Lässt sich ein funktionsfähiges Werk auf Basis des Leistungsverzeichnisses nicht erreichen, so schuldet der Auftragnehmer dennoch die Funktionsfähigkeit. Der Auftragnehmer schuldet also die Rückstauklappe, auch wenn sie in den Ausschreibungsunterlagen nicht ausdrücklich genannt wurde.

Selbst wenn man der Ansicht wäre, dass die Rückstauklappe nicht zum ursprünglichen Bausoll gehörte, so wäre der Auftraggeber in jedem Fall gemäß § 1 Abs. 4 VOB/B berechtigt, die Ausführung der technisch notwendigen Rückstauklappe anzuordnen.

So oder so wäre also der Auftragnehmer verpflichtet, die Rückstau klappe einzubauen.

Vergütungspflicht?

Eine ganz andere Frage ist, ob der Auftragnehmer dafür eine gesonderte Vergütung verlangen kann. Der BGH hat wiederholt entschieden, dass auch solche Leistungen, die technisch zur Herstellung des Werks erforderlich sind, nicht unbedingt mit der vereinbarten Vergütung abgegolten sind. Das hängt vielmehr davon ab, ob der Auftragnehmer bei Vertragsabschluss erkannt hat oder hätte erkennen müssen, dass in den Ausschreibungsunterlagen eine Rückstauklappe fehlt und der Auftraggeber deren Einbau dennoch erwartet.

Dazu im Einzelnen:

Ein Auftragnehmer darf im Hinblick auf Ausschreibungsunterlagen grundsätzlich davon ausgehen, dass diese vollständig und richtig sind. Vom Auftragnehmer kann in der (häufig kurzen) Angebotsphase nicht verlangt werden, dass er sich über technische Einzelheiten des Bauvorhabens bereits sehr tiefgehende Gedanken macht. In der Angebotsphase prüft der Auftragnehmer die Ausschreibungsunterlagen vornehmlich unter kalkulatorischen Gesichtspunkten, nicht unter technischen Aspekten. Der Auftragnehmer muss sich deshalb bei der Kalkulation eines Angebots auch nicht davon überzeugen, dass die Ausschreibungsunterlagen in technischer Hinsicht tatsächlich vollständig sind. Der Auftragnehmer darf den Fokus darauf richten, ob er die ausgeschriebenen Leistungen kalkulieren kann.

Etwas anderes gilt nur dann, wenn die Lückenhaftigkeit oder die Widersprüchlichkeit der Ausschreibungsunterlagen erkennbar war und der Auftragnehmer dies letztlich für sich ausnutzen wollte. Der

Auftragnehmer kann dann natürlich später keinen Nachtrag geltend machen.

Beispiel

Der Auftragnehmer soll neue Gleise verlegen, die in einem Teilbereich überfahrbar hergestellt werden sollen. Die dazu notwendige Unterbetontragplatte (unter den Gleisen) wird vom Auftraggeber nicht detailliert ausgeschrieben. Vielmehr heißt es in der entsprechenden Position, der Auftragnehmer solle die Unterbetontragplatte selbst planen, insbesondere auch in statischer Hinsicht. Weiter heißt es in der Position, der Auftragnehmer solle dabei von dem Befahren mit einem 40-t-Lkw ausgehen. Der Auftragnehmer plant eine Unterbetontragplatte, die für eine solche Befahrung geeignet ist. Noch vor der Ausführung wird jedoch klar, dass die Unterbetontragplatte natürlich nicht nur der Befahrung durch Fahrzeuge standhalten muss, sondern natürlich auch dem über die Gleise geführten Eisenbahnverkehr. Die Belastung durch Züge ist ungleich höher als durch Lkw. Der Auftragnehmer macht Mehrkosten geltend. Diese werden vom Auftraggeber mit dem Hinweis zurückgewiesen, die Leistungsbeschreibung sei erkennbar unvollständig gewesen. Es sei erkennbar gewesen, dass bei der Planung einer Unterbetontragplatte unter Gleisen nicht nur der Lkw, sondern auch der Bahnverkehr berücksichtigt werden müsse.

Entscheidend für den hiesigen Fall mit der Rückstauklappe ist also, inwieweit deren Fehlen für den Auftragnehmer im Angebotsstadium so offensichtlich war, dass dies dem Auftragnehmer auffallen musste. Das ist letztendlich eine von einem Sachverständigen zu beantwortende Frage. Dabei kommt es auf die Umstände des Einzelfalls an.

Angesichts der Tatsache, dass der Auftragnehmer im Angebotsstadium die Ausschreibungsunterlagen gerade nicht auf ihre technische Ausführbarkeit prüfen muss, spricht vieles dafür, dass dem Auftragnehmer das Fehlen der Klappe nicht auffallen musste.

In diesem Fall wäre der Einbau einer solchen Klappe nicht mit der bislang vereinbarten Vergütung abgegolten. Der Auftragnehmer muss die Rückstauklappe zwar einbauen, kann hierfür aber eine gesonderte Vergütung verlangen.

Dagegen kommt es nicht darauf an, ob dem Auftragnehmer im Zuge der Ausführung (also nach Vertragsabschluss) die Lückenhaftigkeit der Ausschreibungsunterlagen auffallen musste. Selbst wenn man annimmt, dass dem Auftragnehmer jedenfalls unmittelbar vor oder bei Ausführung das Fehlen der Rückstauklappe hätte auffallen müssen, so würde dies doch an der Vergütungspflicht des Auftraggebers nichts ändern. Denn auch dann, wenn der Auftragnehmer einen entsprechenden Hinweis erteilen muss, handelt es sich bei den Kosten der Rückstauklappe jedenfalls um Sowieso-Kosten. Denn solange die Klappe nicht mit der ursprünglich vereinbarten Vergütung abgegolten war, hätte sie der Auftraggeber „sowieso" gesondert bezahlen müssen.

Was droht dem Auftraggeber?

War das Fehlen der Rückstauklappe für den Auftragnehmer nicht erkennbar, so steht ihm ein Anspruch auf eine zusätzliche Vergütung zu. Dem Auftraggeber steht es dann zwar frei, die Leistungserbringung zu fordern; er muss jedoch die zusätzliche Leistung gesondert vergüten. Deshalb empfiehlt es sich, gegenüber dem Auftragnehmer schriftlich anzuordnen, eine Rückstauklappe einzubauen. Zur Vermeidung weiterer Verzögerungen empfiehlt es sich zudem, gegenüber dem Auftragnehmer sogleich klarzustellen, dass die Leistung gesondert vergütet wird.

Bestreitet der Auftraggeber dagegen in einem solchen Fall den berechtigten Vergütungsanspruch des Auftragnehmers, so muss dieser die Nachtragsleistung (Rückstauklappe) zunächst nicht ausführen. Bestreitet der Auftraggeber nämlich einen berechtigten Nachtrag schon dem Grunde nach, so besteht eine Ausführungspflicht des Auftragnehmers nicht. Aufforderungen zum Einbau der Rückstauklappe sind dann wirkungslos.

Würde sich der Auftraggeber gar dazu hinreißen lassen, wegen der Nichtausführung der Nachtragsleistung gar den Bauvertrag zu kündigen, so würde er hier letztendlich eine freie Kündigung gegenüber dem Auftragnehmer aussprechen und müsste dann die sog. Kündigungsvergütung nach § 8 Abs. 1 Nr. 2 i.V.m. § 649 BGB zahlen.

Wo ist das geregelt?

Dass der Auftragnehmer ein insgesamt funktionsfähiges Werk schuldet, ergibt sich nach Ansicht der Gerichte aus der Systematik des BGB (vgl. etwa BGH, 16.07.1998, VII ZR 350/96). Der Beispielsfall der statischen Bemessung der Unterbetontragplatte ist von der VOB-Stelle Niedersachsen entschieden worden (VOB-Stelle Nds., 19.04.2007, Fall 1499).

1/2.2 Anordnungsrecht des Auftraggebers

Sachverhalt

Der Auftragnehmer ist mit der Ausführung von Innenputzarbeiten beauftragt, die in zwei Bauabschnitte unterteilt sind. Am ersten Bauabschnitt haben die Parteien die Qualitätsstufe Q 3 vereinbart. Danach muss der Innenputz so beschaffen sein, dass er insbesondere für die Weiterbearbeitung mit feinstrukturierten Tapeten geeignet ist. Am zweiten Bauabschnitt ist nur die Qualitätsstufe Q 1 vereinbart, hier muss nur die Weiterbearbeitung mit Fliesen oder anderen keramischen Wandbelägen möglich sein.

In der Bauphase besichtigt der Auftraggeber die Innenputzarbeiten und bemängelt sie. Am ersten Bauabschnitt 1 stellt er Unebenheiten fest, die objektiv nicht der Qualitätsstufe Q 3 entsprechen. Er fordert den Auftragnehmer auf, einerseits vorhandene Mängel zu beheben, andererseits aber auch in Zukunft so zu arbeiten, dass die Qualitätsstufe Q 3 erreicht wird. Auch am zweiten Bauabschnitt vertritt er die Ansicht, dass die Qualitätsstufe 3 nicht erreicht wurde. Deshalb fordert er den Auftragnehmer schriftlich auf, „zukünftig unbedingt überall die Qualitätsstufe Q 3 einzuhalten".

In der Schlussrechnung stößt der Auftraggeber schließlich auf zwei Nachträge des Auftragnehmers. Dieser macht eine gesonderte Vergütung für die Einhaltung der Qualitätsstufen Q 3 an beiden Bauabschnitten geltend.

Worauf muss der Auftraggeber achten, was muss der Auftraggeber wissen?

Dem Auftraggeber steht bei einem VOB/B-Vertrag das Recht zu, einseitige Anordnungen gegenüber dem Auftragnehmer zu treffen. Der Auftragnehmer muss diesen Anordnungen Folge leisten.

Anordnung innerhalb des Bausolls

Das ist im Hinblick auf Anordnungen selbstverständlich, die den Auftragnehmer zur Einhaltung des Vertrags anhalten sollen (§ 4 Abs. 1 Nr. 3 VOB/B). Der Auftraggeber kann den Auftragnehmer insbesondere anweisen, sorgfältig zu arbeiten oder die vertraglich vereinbarte Beschaffenheit einzuhalten.

Solche Anordnungen, die nur auf Erfüllung des Vertrags abzielen, können grundsätzlich keine Vergütungsansprüche des Auftragnehmers auslösen. Wenn also der Auftraggeber den Auftragnehmer im Hinblick auf den ersten Bauabschnitt auffordert, zukünftig die Qualitätsstufe Q 3 einzuhalten, so ist dies letztendlich nur die Aufforderung zur vertragsgemäßen Erfüllung. Die vereinbarte Qualitätsstufe Q 3 ist bereits mit der vereinbarten Vergütung abgegolten.

Das gilt grundsätzlich auch, wenn der Auftraggeber innerhalb einer Anordnung das Bausoll nur konkretisiert.

Beispiel

- Im Leistungsverzeichnis heißt es „Farbton nach Wahl des Auftraggebers". Der Auftraggeber entscheidet sich in der Bauphase für einen Farbton.

- Laut Leistungsverzeichnis soll der Auftragnehmer einen Telleranker in „geeigneter Materialqualität" ausführen. Der Auftragnehmer möchte feuerverzinkten Stahl einbauen. Aufgrund der Wasserberührung muss aber Edelstahl verwendet werden. Der Auftraggeber ordnet die Verwendung von Edelstahl an.

Auch eine solche Konkretisierung führt nicht zu Vergütungsansprüchen des Auftragnehmers.

Anordnung von geänderten oder zusätzlichen Leistungen

Anders liegt der Fall jedoch, wenn der Auftraggeber eine Anordnung trifft, die vom bisherigen Bausoll abweicht.

Das ist immer der Fall, wenn aufgrund der Anordnung des Auftraggebers

- die ursprünglich vereinbarte Leistung anders oder
- eine zusätzliche Leistung

ausgeführt werden soll (§ 1 Abs. 3 und 4 VOB/B).

Eine solche Anordnung könnte der Auftraggeber hier im Hinblick auf den zweiten Bauabschnitt getroffen haben. Dort war nämlich nur die Ausführung der Qualitätsstufe Q 1 vertraglich vereinbart. Wenn der Auftraggeber dann fordert, es solle zukünftig die Qualitätsstufe Q 3 eingehalten werden, so ist diese Anordnung nicht mehr mit dem bisherigen Bausoll deckungsgleich. Es wird etwas anderes verlangt. Der Auftraggeber ändert also das Bausoll im Hinblick auf die Ausführungsqualität.

Was droht dem Auftraggeber?

Am ersten Bauabschnitt hat der Auftraggeber mit der Forderung nach Einhaltung der Qualitätsstufe Q 3 das Bausoll nicht geändert (§ 1 Abs. 3 VOB/B). Ein Nachtrag droht ihm deshalb nicht. Die entsprechende Forderung in der Schlussrechnung ist unberechtigt.

Anders ist dies im Hinblick auf den zweiten Bauabschnitt. Hier war nur die Stufe Q 1 vereinbart, der Auftraggeber hat die Einhaltung der Stufe Q 3 gefordert. Ordnet der Auftraggeber eine geänderte Leistung an, so löst er damit gemäß § 2 Abs. 5 Vergütungsansprüche des Auftragnehmers aus. Dieser kann – auf Basis der Urkalkulation – einen Nachtrag stellen.

Dem könnte man entgegenhalten, dass der Auftraggeber sich bei seiner Anordnung ggf. gar nicht darüber bewusst war, dass er das Bausoll ändert. Es ist etwa denkbar, dass ihm im Moment der Anordnung gar nicht präsent war, dass am zweiten Bauabschnitt nur die Ausführung der Qualitätsstufe Q 1 vereinbart war. Darauf dürfte es jedoch nicht ankommen. Die Erklärung des Auftraggebers ist – wie jede Willenserklärung – aus dem sog. „objektiven Empfängerhorizont" auszulegen. Es kommt also darauf an, wie der **Empfänger** der Erklärung diese verstehen musste. Wenn tatsächlich ursprünglich nur die Qualitätsstufe Q 1 vereinbart war und nun der Auftraggeber die Einhaltung der Qualitätsstufe Q 3 fordert, so wird der Auftragnehmer davon ausgehen dürfen, dass er also zukünftig die höheren Anforderungen einhalten soll. Er kann das als Anordnung verstehen.

Hinweis für die Praxis

Zu überlegen wäre zwar, ob der Auftraggeber die von ihm unwillentlich ausgesprochene Änderungsanordnung wegen Irrtums anfechten kann (§ 119 BGB). In der Praxis der Gerichte dringen solche Irrtumsanfechtungen allerdings nahezu nie durch.

Der Auftraggeber wird sich letztlich auch nicht darauf stützen können, dass der Nachtrag erst mit der Schlussrechnung geltend gemacht worden sei. Der Auftragnehmer muss nämlich Mehrkosten nur bei einer angeordneten **Zusatzleistung** (§ 2 Abs. 6 VOB/B) ankündigen. Das ist aber nur der Fall, wenn eine Leistung im Vertrag bisher überhaupt nicht vorgesehen war. Da die Innenputzarbeiten bereits vertraglich vereinbart waren, handelt es sich hier nicht um eine Zusatzleistung, sondern um die Anordnung einer geänderten Ausführung. Diese richtet sich nach § 2 Abs. 5 VOB/B. Dort ist ein Ankündigungserfordernis des Auftragnehmers vor der Ausführung nicht vorgesehen.

Wo ist das geregelt?

Das Anordnungsrecht des Auftragnehmers im Hinblick auf die vertragsgemäße Ausführung ergibt sich aus § 4 Abs. 1 Nr. 3 VOB/B. Das Recht, das Bausoll zu ändern oder zu erweitern, ergibt sich aus § 1 Abs. 3 und 4 VOB/B. In § 2 Abs. 5 bzw. § 2 Abs. 6 VOB/B ist geregelt, dass der Auftraggeber angeordnete Änderungs- bzw. Zusatzleistungen gesondert vergüten muss.

1/3 Ablaufdiagramme

Prüfungs- und Hinweispflichten des Auftragnehmers

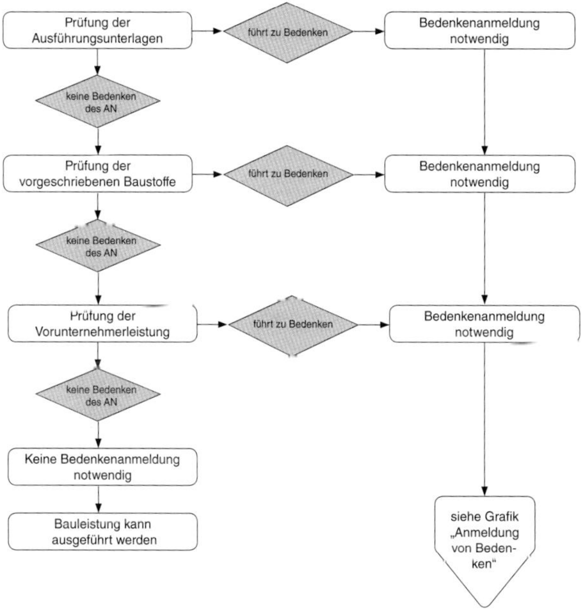

Prüfung der Ausführungsunterlagen

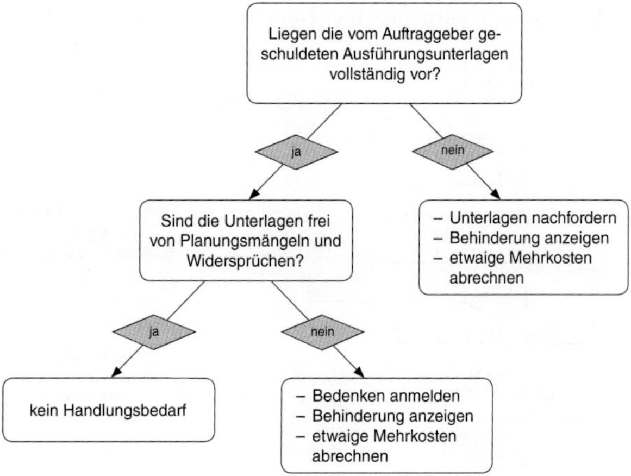

Anmeldung von Bedenken

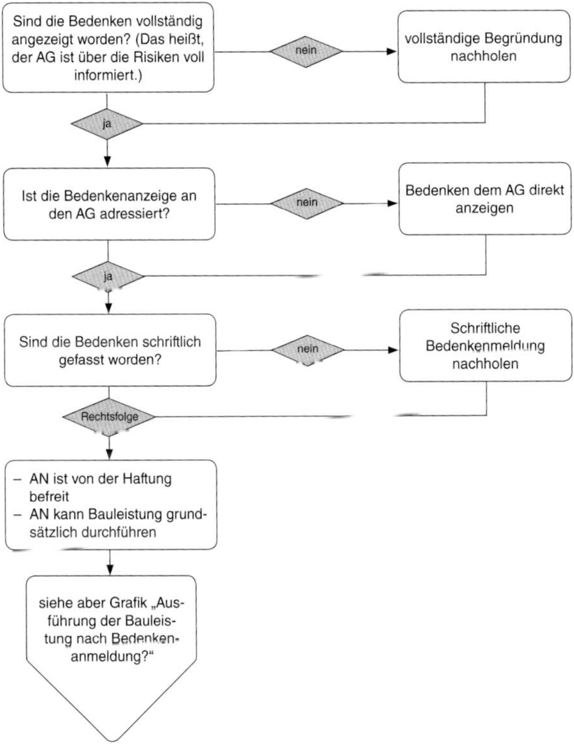

Ausführung der Bauleistung nach Bedenkenanmeldung?

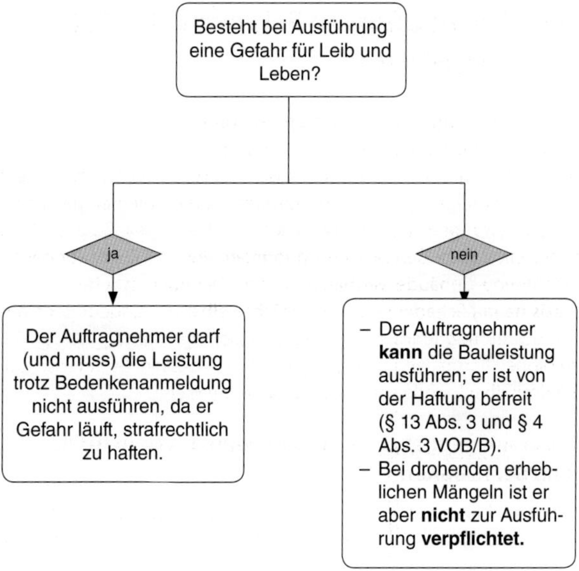

2 Ausführungsfristen

2/1 Die häufigsten Fehler bei Ausführungsfristen

Die Vereinbarung und die Einhaltung von Fristen hat für den Auftraggeber entscheidende Bedeutung. Stellt der Auftragnehmer seine Leistungen nicht zum gewünschten Zeitpunkt fertig, so zieht dies in aller Regel einen „Rattenschwanz" von Problemen nach sich. Neben Störungen des Bauablaufes kommt es regelmäßig auch zu finanziellen Einbußen beim Auftraggeber, etwa wenn dieser das zu errichtende Gebäude vermieten wollte. Dennoch scheitern in der Praxis häufig Schadensersatzansprüche selbst bei eindeutigem Verzug des Auftragnehmers an Versäumnissen des Auftraggebers oder an bloßen Formalien. Als Auftraggeber bzw. dessen Vertreter sollten Sie deshalb folgende Fehler dringend vermeiden:

1. Der Auftraggeber vereinbart keinen Termin für den Beginn der Arbeiten

Die Vereinbarung einer Beginnfrist ist stets sinnvoll, damit der Auftragnehmer gezwungen werden kann, mit seinen Arbeiten tatsächlich zu beginnen.

Viele Auftraggeber sehen jedoch davon ab, einen Termin für den Beginn der Arbeiten zu vereinbaren. Die Gründe hierfür sind unterschiedlich. Häufig möchte der Auftraggeber etwaige Mehrkostenforderungen des Auftragnehmers vermeiden, wenn dieser nicht zum vereinbarten Termin anfangen kann. Diese Gefahr wird vor allem gesehen, wenn zum Zeitpunkt des Abschlusses des Bauvertrags der genaue Baubeginn noch nicht endgültig feststeht, etwa weil die Baugenehmigung noch nicht vorliegt.

Natürlich kann das Nichtvorliegen der Baugenehmigung Einfluss auf den Baubeginn haben. Das bedeutet indes nicht, dass in solchen Fällen überhaupt kein Beginntermin vereinbart werden sollte. Die viel bessere Lösung besteht in einem solchen Fall allerdings darin, den Baubeginn auf Abruf bzw. in Abhängigkeit von der Übersendung der Baugenehmigung zu vereinbaren. Denkbar ist etwa folgende Formulierung: „Der Auftragnehmer beginnt nach Eingang der Baugenehmigung bei ihm spätestens binnen zwölf Werktagen mit der Ausführung der Bauleistungen."

Denkbar ist auch, den Baubeginn nicht von der Baugenehmigung, sondern schlicht vom schriftlichen Abruf des Auftraggebers abhängig zu machen. Denkbar hier: „Der Auftragnehmer beginnt binnen zwölf Tagen nach schriftlichem Abruf durch den Auftraggeber mit der Ausführung der Bauleistung." Bei VOB/B-Verträgen sieht § 5 Abs. 2 VOB/B eine solche Möglichkeit bereits vor.

2. Es wird keine Fertigstellungsfrist vereinbart

Auch auf die Vereinbarung einer Fertigstellungsfrist sollte niemals verzichtet werden. Wird nämlich kein Fertigstellungstermin vereinbart, so sind Ansprüche wegen einer „verspäteten" Fertigstellung regelmäßig nicht oder nur sehr schwer durchsetzbar. Der Auftraggeber wird insbesondere keine Vertragsstrafen- oder Verzugsschadensersatzansprüche durchsetzen können.

Zwar ist es grundsätzlich möglich, den Auftragnehmer auch bei fehlender Fristvereinbarung in Verzug zu setzen. Das ist aber mit einer Vielzahl von Unsicherheiten verbunden. So muss der Auftraggeber dem Auftragnehmer für die Ausführung grundsätzlich einen „angemessenen" Ausführungszeitraum zur Verfügung stellen. Es wird aber zwischen den Parteien höchst streitig sein, welcher Ausführungszeitraum denn „angemessen" ist.

Auch hier besteht die Lösung darin, „flexible" Fristen zu vereinbaren. So kann z.B. die oben bereits vorgeschlagene Klausel zum Baubeginn hinsichtlich der Fertigstellung wie folgt ergänzt werden: „Der Auftragnehmer hat die Arbeiten binnen 20 Wochen nach Eingang der Baugenehmigung (bzw. dem Abruf) fertigzustellen." Dagegen empfiehlt sich eine Formulierung, die auf den Baubeginn abzielt („binnen 20 Wochen nach Baubeginn"), eher nicht, weil der Auftragnehmer den tatsächlichen Baubeginn – und damit den Ablauf der Fertigstellungsfrist – beeinflussen kann.

3. Die Fristvereinbarung ist nicht eindeutig

Es kommt in der Baupraxis immer wieder vor, dass der Auftraggeber zwar einen verbindlichen Fertigstellungstermin vereinbaren möchte, ihm dies aber letztlich nicht gelingt. Unzureichend ist z.B. die bloße Vereinbarung einer Ausführungsdauer, wenn nicht eindeutig geregelt ist, wann diese Frist beginnen soll. Ebenso unzureichend ist es, wenn nach dem Vertrag mehrere Möglichkeiten verbleiben, den Fertigstellungstermin zu berechnen.

Beispiel

Die Arbeiten sind am 03.03.2016 bzw. drei Monate nach Abruf fertigzustellen.

In einem solchen Fall bleibt unklar, ob nun das Datum oder die Frist entscheidend sein soll.

Die rechtlich eindeutigste Regelung besteht darin, tatsächlich ein bestimmtes Datum festzulegen („Der Auftragnehmer hat seine Leistungen spätestens am 03.03.2016 fertigzustellen.").

Sollte der Fertigstellungstermin noch von Bedingungen abhängig sein (z.B. vom Eingang der Baugenehmigung), so können Fristen vereinbart werden, die in Abhängigkeit von dem Eingang der Baugenehmigung (oder von einem Abruf) zu laufen beginnen (siehe dazu unter 2.).

4. Der Auftraggeber nimmt Behinderungsanzeigen des Auftragnehmers nicht ernst

Behinderungsanzeigen des Auftragnehmers werden von Auftraggebern oder deren Bevollmächtigen häufig pauschal zurückgewiesen und nicht ernst genommen. Das kann jedoch für den Auftraggeber zum – schmerzlichen – Bumerang werden.

Beispiel

Der Auftragnehmer soll seine Leistungen zum 01.01.2016 fertigstellen. Er zeigt in der Bauphase diverse Behinderungen an und hält die Frist nicht ein. Der Auftraggeber meint, die Behinderungsanzeigen seien zu Unrecht erfolgt. Er setzt dem Auftragnehmer am 02.01.2016 eine Nachfrist zur Fertigstellung unter Kündigungsandrohung. Nach Ablauf der Nachfrist kündigt er den Bauvertrag und lässt die Arbeiten durch ein Drittunternehmen fertigstellen, wodurch ihm erhebliche Mehrkosten entstehen. Vor Gericht stellt sich heraus, dass die Behinderungsanzeigen des Auftragnehmers zumindest teilweise berechtigt waren und dieser am 01.01.2016 nicht in Verzug geraten ist. Die Nachfristsetzung und die Kündigung erfolgten insoweit „zu früh". Damit lag der Kündigungsgrund nicht vor. Der Auftraggeber kann die Fertigstellungsmehrkosten nicht beim Auftragnehmer geltend machen. Ganz im Gegenteil hat dieser Anspruch auf Vergütung der kündigungsbedingt nicht mehr ausgeführten Leistungen nach Maßgabe des § 649 BGB.

Der Auftraggeber wäre in diesem Fall gut beraten gewesen, die Behinderungsanzeigen ernst zu nehmen. Dann hätte er die behinderungsbedingte Ausführungsfristverlängerung berechnen können und so eine verfrühte Kündigung vermieden. Die Kündigung wäre so für Ihn nicht zum Bumerang geworden.

5. Der Auftraggeber vergisst zu mahnen

Haben die Parteien einen bestimmten Fertigstellungstermin vereinbart, so gerät der Auftragnehmer an sich durch dessen schuldhafte Überschreitung unmittelbar in Verzug. Eine zusätzliche Mahnung ist dann nicht notwendig.

Dennoch empfiehlt es sich, solche Mahnungen auszusprechen. Es lässt sich nämlich nicht immer mit Sicherheit beurteilen, ob der Auftragnehmer den Fertigstellungstermin tatsächlich schuldhaft überschritten hat. Das ist insbesondere bei Behinderungen zweifelhaft. Lagen Behinderungen vor, so kann der Auftragnehmer eine Verlängerung der Ausführungsfrist verlangen.

Er gerät zudem nach Überschreitung der verlängerten Frist **nicht** mehr automatisch in Verzug.

Beispiel

Der Auftragnehmer sollte seine Leistungen bis zum 01.01.2016 fertigstellen. Er kann sich auf insgesamt zwei Tage Behinderungszeitraum stützen. Das bedeutet jedoch nicht, dass er mit Ablauf des 03.01.2016 automatisch in Verzug gerät. Vielmehr tritt Verzug erst dann ein, wenn der Auftragnehmer nach Ablauf des 03.01.2016 noch einmal schriftlich gemahnt wird.

Damit dem Auftraggeber hier keine Rechtsnachteile entstehen, sollte er den Auftragnehmer nach Ablauf der vereinbarten Bauzeit unbedingt in regelmäßigen Abständen mahnen. Denn durch die Mahnung nach Ablauf der verlängerten Ausführungsfrist gerät dann der Auftragnehmer in Verzug. Wenn der Auftragnehmer im obigen Beispiel am 04.01.2016 die Fertigstellung anmahnt, dann gerät der Auftragnehmer damit in Verzug.

6. Der Auftraggeber kennt den Unterschied zwischen einer Behinderung und einer Unterbrechung nicht

Zeigt der Auftragnehmer eine Behinderung in einem bestimmten Bauteil (z.B. Geschoss) an, so weisen viele Auftraggeber diese mit dem Hinweis zurück, in anderen Bereichen/Geschossen könne gearbeitet werden. Deshalb liege eine Behinderung nicht vor.

Das ist ein Irrtum. Behinderungen sind Störungen im Bauablauf, die dessen Fortgang hemmen oder verzögern und dadurch unplanmäßig auf den vorgesehenen Produktionsablauf einwirken. Das ist schon der Fall, wenn der Auftragnehmer nicht wie geplant in einem bestimmten Bereich arbeiten kann. Eine Behinderung liegt also nicht erst vor, wenn es zu einem völligen Stillstand des Baugeschehens kommt. In diesem Fall spricht man von einer Unterbrechung.

Eine Behinderung liegt also grundsätzlich auch dann vor, wenn der Auftragnehmer in der Lage ist, den Bauablauf anzupassen und so eine Unterbrechung zu verhindern.

7. Der Auftraggeber verwendet veraltete Vertragsstrafenklauseln

Vertragsstrafenklauseln werden von vielen Gerichten besonders kritisch gesehen. Deshalb ergehen in regelmäßigen Abständen Urteile, die neue Anforderungen an Vertragsstrafenklauseln formulieren. Der Auftraggeber muss deshalb Vertragsstrafenklauseln, die er im Rahmen seiner Allgemeinen Geschäftsbedingungen verwendet, regelmäßig kritisch überprüfen.

Während z.B. frühere Vertragsstrafenklauseln regelmäßig die „Auftragssumme" als Bemessungsgrundlage vorsahen, sollte der Begriff heute nicht mehr verwendet werden. Er ist nach mehreren gerichtlichen Entscheidungen nicht transparent, da unklar ist, ob die Auftragssumme bei Vertragsabschluss oder bei Schlussabrechnung gemeint ist. Beide Summen sind bei einem Bauvorhaben regelmäßig nicht identisch.

Entspricht die Vertragsstrafenklausel nicht der aktuellen Rechtsprechung, so ist sie regelmäßig unwirksam. Das führt dazu, dass der Auftraggeber überhaupt keine Vertragsstrafe geltend machen kann, selbst wenn sich der Auftragnehmer völlig unstreitig in Verzug befand.

8. Der Auftraggeber trennt die Vertragsstrafenklauseln für Zwischen- und Fertigstellungstermine nicht

An Vertragsstrafenklauseln für Zwischentermine sind besonders hohe Anforderungen zu stellen. So darf sich z.B. die Höhe nur nach dem Wert der Teilleistung richten, hinsichtlich derer Verzug eingetreten ist. Zudem muss eine Kumulation der Vertragsstrafen bei mehreren Zwischenterminen ausgeschlossen sein.

Die Gefahr, dass eine Vertragsstrafenklausel für Zwischentermine unwirksam ist, ist sehr hoch. Ist diese Klausel dann im Bauvertrag nicht von der Vertragsstrafenklausel für den Fertigstellungstermin **sprachlich und optisch getrennt**, so kann dies zur Unwirksamkeit beider Klauseln führen. Die unwirksame Klausel für den Zwischentermin reißt also die Klausel für den Fertigstellungstermin mit. Das lässt sich durch sprachlich und optisch getrennte Klauseln vermeiden.

2/2 Richtiges Verhalten im Streitfall

2/2.1 Abhilfeanordnung und Kündigung

Sachverhalt

Die Parteien eines VOB/B-Werkvertrages haben den 01.03.2016 als Fertigstellungstermin vereinbart. Mitte November 2015 beschleichen den Auftraggeber Zweifel, ob der Auftragnehmer den Termin wird halten können. Der Auftraggeber ist auf die fristgerechte Fertigstellung zwingend angewiesen, da er bereits für den 15. März 2016 den Bezug des Gebäudes geplant hat. Kann dieser Termin nicht gehalten werden, so drohen ihm ganz erhebliche finanzielle Nachteile. Der Auftraggeber überlegt deshalb, ob er die Arbeiten oder Teile davon besser durch einen anderen Unternehmer ausführen lässt, dem er die fristgerechte Fertigstellung zutraut.

Woraus muss der Auftraggeber achten? Was muss er tun?

Hält der Auftragnehmer den vereinbarten Fertigstellungstermin nicht ein, so stehen dem Auftraggeber grundsätzlich Schadensersatzansprüche zu. Der Auftraggeber könnte hier also theoretisch zunächst einmal abwarten, ob der vereinbarte Fertigstellungstermin (01.03.2016) eingehalten wird, und sodann Schadensersatzansprüche gegenüber dem Auftragnehmer geltend machen.

Das ist für den Auftraggeber aber unbefriedigend, denn diese Ansprüche müsste er vermutlich gerichtlich durchsetzen, was einen monate- oder gar jahrelangen Rechtsstreit erforderlich macht. Bis zum Abschluss der Verfahrens muss der Auftraggeber zudem die ihm entstandenen Kosten selbst tragen. Vor allem nützt dem Auftraggeber ein Schadensersatzanspruch wenig, wenn er mangels Fertigstellung seines Hauses am 01.03.2016 „auf der Straße sitzt". Deshalb sieht die VOB/B die Möglichkeit vor, rechtzeitig die „Reißleine" zu ziehen. § 5 Abs. 3 VOB/B lautet:

„Wenn Arbeitskräfte, Geräte, Gerüste, Stoffe oder Bauteile so unzureichend sind, dass die Ausführungsfristen offenbar nicht eingehalten werden können, muss der Auftragnehmer auf Verlangen unverzüglich Abhilfe schaffen."

Stellt der Auftraggeber also fest, dass die vom Auftragnehmer eingesetzten Kapazitäten nicht genügen, um die vereinbarten Fristen zu halten, so kann er eine sog. **Abhilfeanordnung** aussprechen. Der Auftragnehmer muss dann innerhalb einer ihm gesetzten Frist die Baustellenbesetzung, Geräte usw. so verstärken, dass nunmehr die Einhaltung der Frist möglich ist.

Kommt der Auftragnehmer dieser Pflicht nicht nach, so kann ihm der Auftraggeber eine Nachfrist setzen und hiernach sogar den Auftrag entziehen (§ 5 Abs. 4 i.V.m. § 8 Abs. 3 VOB/B).

Möchte der Auftraggeber dem Auftragnehmer wegen drohender (nicht wegen schon eingetretener) Fristüberschreitung kündigen, so muss er

1. beweisen können, dass eine Frist unter Beibehaltung der bisherigen Kapazitäten nicht hätte eingehalten werden können,
2. ihm deshalb eine Abhilfeanordnung unter Fristsetzung aussprechen,

3. nach Fristablauf eine Nachfristsetzung unter Kündigungsandrohung setzen und
4. schlussendlich den Vertrag auch (ggf. teilweise) kündigen.

Zu 1. (Gefährdung der Fristen)

Die Abhilfeanordnung ist zulässig, wenn mit an Sicherheit grenzender Wahrscheinlichkeit feststeht, dass der Auftragnehmer die vertragliche Ausführungsfrist nicht halten wird, wenn die Kapazitäten nicht verstärkt werden. Den Auftraggeber trifft hier ein nicht unerhebliches Prognoserisiko. Er muss im Streitfall nachweisen, dass die Ausführungsfrist im obigen Sinne gefährdet war.

Dieses Risiko wird dann virulent, wenn der Auftraggeber den Vertrag tatsächlich kündigen möchte, weil der Auftragnehmer trotz Aufforderung keine ausreichenden Kapazitäten einsetzt.

Beispiel

Im obigen Ausgangsfall spricht der Auftraggeber am 15.11.2015 eine Abhilfeanordnung aus. Danach soll der Auftragnehmer seine Kapazitäten auf der Baustelle bis zum 20.11.2015 verstärken. Die Frist ist – da es nicht um die Fertigstellung, sondern um die Kapazitätsverstärkung geht – angemessen. Als der Auftragnehmer nicht reagiert, setzt der Auftraggeber bezüglich der Kapazitätsverstärkung eine Nachfrist unter Kündigungsandrohung und kündigt schließlich den Vertrag, da der Auftragnehmer wiederum nicht reagiert.

Im folgenden gerichtlichen Rechtsstreit verklagt der Auftraggeber den Auftragnehmer auf Schadensersatz. Der Auftragnehmer vertritt die Ansicht, dass er die Fertigstellung zum 01.03.2016 auch mit den auf der Baustelle im Juli vorhandenen Kapazitäten eingehalten hätte. Er legt dies vor Gericht genauer dar und weist die Kündigung als unberechtigt zurück. Zudem erhebt er Widerklage und verlangt (unter Abzug ersparter Aufwendungen) die Vergütung der ausgeführten und der kündigungsbedingt nicht mehr ausgeführten Leistungen.

Das Gericht holt ein Gutachten ein. Dieses bestätigt, dass der Auftragnehmer unter Einsetzung aller Anstrengungen den Fertigstellungstermin gerade so hätte halten können. Der Sachverständige ist der Ansicht, dass die Überschreitung der Ausführungsfrist deshalb Mitte Juli nicht mit an Sicherheit grenzender Wahrscheinlichkeit drohte.

In diesem Beispielfall wird der Auftraggeber den Schadensersatzprozess verlieren und seinerseits die Vergütung für die ausgeführten und kündigungsbedingt nicht mehr ausgeführten Leistungen (nach Maßgabe des § 649 Satz 2 BGB) zahlen müssen.

Hinweis für die Praxis

Der Auftraggeber kann das Prognoserisiko erheblich entschärfen, wenn er mit dem Auftragnehmer einen Bauzeitenplan mit Einzelfristen (Zwischenfristen) vereinbart. Hat nämlich der Auftragnehmer bereits eine oder mehrere Einzelfristen des Bauzeitenplans überschritten, so spricht eine Vermutung dafür, dass er auch den Gesamtfertigstellungstermin nicht wird halten können.

Zu 2. (Fristsetzung)

Mit der Abhilfeanordnung wird dem Auftragnehmer keine Frist zur Fertigstellung seiner Arbeiten gesetzt. Vielmehr soll der Auftragnehmer seine Kapazitäten verstärken. Dazu kann ihm eine vergleichsweise kurze Frist – z.B. drei bis vier Werktage – gesetzt werden.

Eine typische Abhilfeanordnung lautet:

„Wir fordern Sie auf, Ihre Kapazitäten auf der Baustelle so zu verstärken, dass der Fertigstellungstermin (01.03.2016) gehalten werden kann. Hierfür setzen wir Ihnen eine Frist bis zum 20.11.2015."

Eine Abhilfeanordnung kann nicht nur wegen verbindlicher Vertragsfristen, sondern auch wegen sog. einfacher Kontrollfristen ausgesprochen werden. Es kommt deshalb auch nicht darauf an, ob die gefährdete Frist eine im Bauvertrag ausdrücklich als verbindliche Vertragsfrist bezeichnete Frist ist oder eine Frist des Bauzeitenplans.

Zu 3. (Nachfristsetzung)

Ist die erste Frist fruchtlos abgelaufen, dann muss der Auftraggeber dem Auftragnehmer zunächst eine Nachfrist setzen. Die Nachfrist selbst muss nicht noch einmal so lang sein wie die ursprünglich gesetzte Frist. Der Auftragnehmer hatte ja bereits die ursprüngliche Frist zur Verfügung.

Die Nachfristsetzung muss allerdings **zwingend** mit der Androhung der Vertragskündigung verbunden werden. Dabei genügt es nicht, sich die Kündigung des Vertrags nur vorzubehalten. Vielmehr muss dem Auftragnehmer deutlich gemacht werden, dass im Fall des nochmaligen Fristablaufs die Kündigung erfolgen wird.

Beispiel

Unzureichend wären folgende Formulierungen:

- „Sollten Sie diese Frist überschreiten, so behalten wir uns die Kündigung vor."
- „Im Falle des Fristablaufs müssen Sie ernsthaft mit der Kündigung rechnen."

Ausreichend dagegen wären folgende Formulierungen:

- „Sollte auch diese Frist ergebnislos ablaufen, so werden wir den Vertrag kündigen."

Zu 4. (Kündigung)

Nach Ablauf der Nachfrist kann der Vertrag dann gekündigt werden. Die Kündigung ist zwingend erforderlich, wenn der Auftraggeber sich die Möglichkeit vorbehalten will, eine Ersatzvornahme durchzuführen.

Die Kündigung muss der Auftraggeber unmittelbar nach Fristablauf erklären. Keinesfalls darf nach Ablauf der Frist noch ein längerer Zeitraum abgewartet werden. Die Kündigung sollte regelmäßig innerhalb eines Zeitraums von etwa ein bis drei Werktagen erklärt werden.

Der Auftraggeber kann den Vertrag nach § 8 Abs. 3 Nr. 1 Satz 2 VOB/B entweder insgesamt oder teilweise kündigen. Eine Teilkündigung kann sinnvoll sein, wenn der Auftraggeber mit dem Auftragnehmer an sich zufrieden ist und sich der drohende Verzug nur auf eine

Teilleistung bezieht. Dann kann es sinnvoll sein, nur die zeitkritische Teilleistung zu kündigen.

Früher wurde teilweise die Ansicht vertreten, dass die Kündigung jeder (auch geringfügigen) Teilleistung zulässig sei (z.B. die Verlegung der Rohre bei einem Auftrag zur Errichtung einer Heizungsanlage). Nach neuer Rechtsprechung des Bundesgerichtshofs ist dies jedoch definitiv nicht mehr zulässig. Der BGH hat entschieden, dass eine Teilkündigung letztlich nur noch gewerkeweise ausgesprochen werden kann. Dies deshalb, weil § 8 Abs. 1 Nr. 1 Satz 2 VOB/B die Kündigung nur für „einen in sich abgeschlossenen Teil der vertraglichen Leistung" als zulässig erklärt. Eine unselbstständige Teilleistung ist niemals ein in sich abgeschlossener Teil der vertraglichen Leistung.

Deshalb bleibt dem Auftraggeber bei drohendem Verzug letztlich nur die Wahl, ob er das gesamte betroffene Gewerk kündigen möchte. Einzelne Teilleistungen kann der Auftraggeber nicht (mehr) kündigen.

Die VOB/B stellt den Auftraggeber damit in der Praxis vor erhebliche Probleme. Die letztendlich einzig wirksame Abhilfe besteht darin, im Bauvertrag zu vereinbaren, dass Teilkündigungen auch dann ausgesprochen werden können, wenn sie sich nicht auf einen in sich abgeschlossenen Teil der Bauleistung beziehen. Ist das nicht geschehen, so bleibt dem Auftraggeber letztlich nur die Gesamtkündigung des Vertrags oder eines Gewerks.

Was droht dem Auftraggeber?

Der Auftraggeber erklärt im Fall der Abhilfeanordnung regelmäßig die Kündigung, um einen anderen (schnelleren) Unternehmer einsetzen zu können (sog. Selbst- oder Ersatzvornahme).

Kann der Auftraggeber aber

- entweder die drohende Fristüberschreitung nicht beweisen oder
- hält er das oben genannte Prozedere nicht ein,

dann ist eine Ersatzvornahme grundsätzlich nicht zulässig. Der Auftraggeber kann dann insbesondere die Mehrkosten, die ihm durch die Beauftragung des anderen Unternehmers entstehen, nicht beim Auftragnehmer geltend machen.

Er muss den gekündigten Auftragnehmer voll bezahlen, obwohl dieser seine Leistungen nicht rechtzeitig fertiggestellt hätte. Hinsichtlich der dann kündigungsbedingt nicht mehr ausgeführten Leistungen des Auftragnehmers (Restarbeiten) kann dieser sogar noch die sog. Kündigungsvergütung nach § 8 Abs. 1 Nr. 2 i.V.m. § 649 BGB geltend machen. Dem Auftragnehmer steht dann also grundsätzlich die **volle** Vergütung für die nicht ausgeführten Leistungen zu. Er muss sich allein das anrechnen lassen, was er infolge anderweitigen Erwerbs oder infolge von Füllaufträgen erspart hat.

Das kann den Auftraggeber teuer zu stehen kommen. Nicht selten müssen Auftraggeber im Falle einer freien Kündigung zwischen 30 und 40 % der für den nicht ausgeführten Teil vereinbarten Vergütung noch als Kündigungsvergütung zahlen.

Das Risiko darf ein Auftraggeber keinesfalls unterschätzen. Die bloße Nichteinhaltung der oben genannten Kündigungsvoraussetzungen führt dazu, dass der Auftraggeber tatsächlich die von ihm gewollte Kündigung aus wichtigem Grund (wegen Nichtbefolgung der Abhilfeanordnung) nicht ausspricht. Vielmehr spricht er – unfreiwillig – eine sog. freie Kündigung aus. Diese wird für ihn zum Bumerang.

Wo ist das geregelt?

Die Voraussetzungen einer Abhilfeanordnung ergeben sich aus § 5 Abs. 3 VOB/B. Das Recht zur Kündigung ergibt sich aus § 5 Abs. 4 i.V.m. § 8 Abs. 3 VOB/B.

Die Rechtsfolgen einer sog. freien Kündigung ergeben sich aus § 8 Abs. 1 Nr. 2 VOB/B i.V.m. § 649 Satz 2 BGB.

2/2.2 Verzug, Behinderung und Kündigung

Sachverhalt

Der Auftragnehmer hat den Auftraggeber auf Basis der VOB/B mit der Erbringung von Bauleistungen beauftragt. Der Auftraggeber ist der Ansicht, dass der Auftragnehmer die Arbeiten längst hätte fertigstellen können und müssen. Deshalb hat er das Vertrauen in den Auftragnehmer verloren und möchte diesem kündigen.

- *Fallvariante A: Die Parteien haben den 01.09.2015 als Fertigstellungstermin vereinbart.*
- *Fallvariante B: Es wurde kein verbindlicher Fertigstellungstermin vereinbart.*

- *Fallvariante C: Die Parteien haben als Baubeginn den 01.05.2015 und als Fertigstellungstermin den 01.09.2015 vereinbart. Tatsächlich konnte der Auftragnehmer (wegen fehlender Baugenehmigung) aber erst am 08.05.2015 mit der Ausführung beginnen.*

Worauf muss der Auftraggeber achten? Was muss er tun?

Bei der Kündigung wegen Verzuges mit der Leistungserbringung muss der Auftraggeber höchste Vorsicht walten lassen. Zum einen bejahen Auftraggeber häufig voreilig das Vorliegen des Verzugs, zum anderen werden immer wieder die Formalien der Kündigung außer Betracht gelassen.

Eine Kündigung wegen Verzugs mit der Leistungserbringung (sog. Kündigung aus wichtigem Grund) ist nur dann möglich, wenn

1. der Auftragnehmer sich mit der Fertigstellung im Verzug befindet,
2. dem Auftragnehmer nach Verzugseintritt eine Nachfrist unter Kündigungsandrohung gesetzt wurde und
3. der Vertrag dann auch (ggf. teilweise) gekündigt wurde.

Zu 1. (Verzug)

Fallvariante A

Verzug tritt ein, wenn der Auftragnehmer einen verbindlichen Vertragstermin überschreitet. Haben die Parteien einen Fertigstellungstermin vereinbart, so gerät der Auftragnehmer in Verzug, wenn er diesen nicht einhält. Der Verzug tritt automatisch ein, es sei denn, es lagen Behinderungen vor. Dazu später in der Fallvariante C. In der

Fallvariante A tritt durch die Überschreitung des Fertigstellungstermins Verzug ein.

Fallvariante B

In der Fallvariante B hatten die Parteien keinen Fertigstellungstermin vereinbart. Das bedeutet jedoch nicht, dass der Auftragnehmer selbst darüber entscheidet, wann er die Bauleistungen erbringt. Haben die Parteien keinen Fertigstellungszeitpunkt vereinbart, dann muss der Auftragnehmer die Bauleistung nach § 271 BGB im Zweifel sofort erbringen und „in angemessener Zeit" fertigstellen.

Naturgemäß sind Auftraggeber und Auftragnehmer häufig unterschiedlicher Ansicht, was denn ein „angemessener Zeitraum" für die Ausführung der Bauleistung ist. Der Auftraggeber wird von der denkbar kürzesten Frist ausgehen, der Auftragnehmer wird den Zeitraum weit großzügiger ansetzen. Deswegen bleibt bei der Bemessung des angemessenen Ausführungszeitraums stets eine Unsicherheit. Zwar lässt sich dieser Zeitraum im Streitfall (z.B. vor Gericht) durch ein Sachverständigengutachten lösen. Das nützt dem Auftraggeber aber wenig, wenn er (wie im obigen Fall) dem Auftragnehmer kündigen möchte und sich fragt, ob der angemessene Ausführungszeitraum bereits abgelaufen ist.

Problematisch ist diese Unsicherheit für den Auftraggeber deshalb, weil der Auftraggeber dem Auftragnehmer vor Ablauf des angemessenen Ausführungszeitraums nicht aus wichtigem Grund kündigen kann. Der Auftraggeber läuft deshalb Gefahr, dass er eine unberechtigte bzw. freie Kündigung ausspricht und der Auftragnehmer daraufhin die Kündigungsvergütung (auch „entgangenen Gewinn" genannt) einfordern kann.

Hinweis für die Praxis

- Die Vereinbarung eines Fertigstellungstermins ist für jeden Bauvertrag von entscheidender Bedeutung. Wird ein solcher Termin nicht vereinbart, so ist regelmäßig ungewiss bzw. unsicher, ob und wann der Auftragnehmer in Verzug geraten ist. Das erschwert einerseits die Kündigung des Bauvertrags, macht aber auch die Durchsetzung von Schadensersatzansprüchen wegen Verzugs schwer.
- Jedem Auftraggeber ist dringend zu raten, bei der Bemessung des „angemessenen Ausführungszeitraums" eher großzügig vorzugehen bzw. sich durch einen Sachverständigen beraten zu lassen. Werden nämlich hier bereits Fehler gemacht, so ist eine etwaig ausgesprochene Kündigung nicht mehr zu retten und zieht erhebliche (mindestens) finanzielle Nachteile für den Auftraggeber mit sich.

Nach Ablauf des angemessenen Ausführungszeitraums muss der Auftraggeber zunächst eine Frist für die Fertigstellung setzen. Er muss den Auftragnehmer also auffordern, die Bauleistungen nun innerhalb eines bestimmten Zeitraums bzw. zu einem bestimmten Termin fertigzustellen.

Diese erste Fristsetzung (nicht Nachfristsetzung) ist erforderlich, damit der Auftragnehmer mit seiner Leistung zunächst einmal in

Verzug gerät. Sie darf mit der Nachfristsetzung nicht verwechselt werden. Beide Fristen können auch nicht in einem Schreiben zusammengefasst werden, sondern müssen in getrennten Schreiben erfolgen.

Hinweis für die Praxis

- Es empfiehlt sich unbedingt, keine Frist, sondern einen Fertigstellungstermin zu benennen. Fristen beinhalten stets eine gewisse Unsicherheit bezüglich deren Beginn (mit Abfassen der Nachfristsetzung oder mit deren Zugang?). Dagegen ist ein konkreter Termin klar und unmissverständlich.
- Wenn Sie also dem Auftragnehmer eine Frist von vier Wochen setzen wollen, so rechnen Sie den betreffenden Termin am besten aus und benennen ihn ausdrücklich in Ihrem Schreiben.

In Verzug gerät der Auftragnehmer in der Fallvariante B also, wenn

- ein angemessener Ausführungszeitraum abgelaufen ist,
- der Auftraggeber dem Auftragnehmer eine Frist zur Fertigstellung gesetzt hat und
- diese Frist auch abgelaufen ist.

Fallvariante C

Die Rechtslage ist bei der Fallvariante C letztlich mit der Fallvariante B identisch. Haben die Parteien nämlich einen Fertigstellungstermin vereinbart, lagen am Bauvorhaben aber Behinderungen vor, so kann der Auftragnehmer Bauzeitverlängerung verlangen. Der ursprünglich vereinbarte Fertigstellungstermin wird letztlich schon dann hinfällig, wenn der Auftragnehmer auch nur einen einzigen Tag Bauzeitverlängerung verlangen kann.

Entgegen weit verbreiteter Ansicht lässt sich aus dem alten Fertigstellungstermin und dem Behinderungszeitraum auch **nicht automatisch** ein neuer verbindlicher Fertigstellungstermin berechnen.

Wenn in der Fallvariante B der Auftragnehmer erst eine Woche nach dem geplanten Beginntermin seine Arbeiten aufnehmen konnte, dann wird ihm eine Bauzeitverlängerung um eine Woche zustehen. Das bedeutet jedoch nicht, dass der 08.09.2015 (01.09.2015 zuzüglich eine Woche) „automatisch" der neue verbindliche Fertigstellungstermin ist. Der BGH hat immer wieder klargestellt, dass es zu einer solchen automatischen Vereinbarung eines neuen Fertigstellungstermins nicht kommt.

Das bedeutet: Überschreitet der Auftragnehmer in der Fallvariante C den 08.09.2015, so gerät er **nicht automatisch** mit der Leistung in Verzug. Denn der 08.09.2015 ist zwischen den Parteien nicht als Fertigstellungstermin vereinbart.

Vielmehr gerät der Auftragnehmer nur dann in Verzug, wenn ihm nach Ablauf der (verlängerten) Ausführungszeit eine Frist zur Fertigstellung gesetzt wird und diese Frist abläuft. Wird dem Auftragnehmer also nach dem 08.09.2015 eine angemessene Frist zur Fertigstellung gesetzt, so tritt Verzug ein.

Dabei lässt sich die verlängerte Ausführungsfrist im obigen Beispielfall noch sehr einfach berechnen (eine Woche). Schwierig wird die

Berechnung für den Auftraggeber aber dann, wenn nicht nur eine einzige, sondern ggf. mehrere Behinderungen vorlagen und diese ggf. streitig sind. Man denke nur an ein Bauvorhaben mit einer mehrmonatigen Bauzeit und einer Fülle von Behinderungsanzeigen des Auftragnehmers.

Der Auftraggeber steht hier letztlich vor dem gleichen Problem wie in der Fallvariante B. Er muss ermitteln, wann der behinderungsbedingt verlängerte Ausführungszeitraum abgelaufen ist. Dazu muss er sich in der Fallvariante C auch mit der Frage beschäftigen, ob und ggf. welche Behinderungen mit welchen konkreten Wirkungen vorgelegen haben.

Problematisch ist dies für den Auftraggeber wiederum, weil eine „zu früh" ausgesprochene Frist zur Fertigstellung nicht dazu führt, dass der Auftragnehmer in Verzug gerät. Mangels Verzugs ist in diesem Fall aber auch keine Kündigung aus wichtigem Grund möglich, der Auftraggeber setzt sich wiederum Ansprüchen des Auftragnehmers aus.

Dies soll an folgendem Beispiel verdeutlicht werden:

Beispiel

Die Parteien hatten den 01.09.2015 als Fertigstellungstermin vereinbart. Der Auftragnehmer hat insgesamt fünf Behinderungen mit einem Gesamtzeitraum von zehn Werktagen angemeldet. Der Auftraggeber prüft die angeblichen Behinderungen und bestätigt sechs Werktage. Deshalb spricht er am 09.09.2015 eine Frist zur Fertigstellung aus, die am 30.09.2015 ablaufen soll. Nach Ablauf des 30.09. setzt er eine weitere Nachfrist unter Kündigungsandrohung und kündigt nach weiterem Fristablauf am 20.10.2015 den Bauvertrag. Der Auftragnehmer akzeptiert die Kündigung nicht. Er macht den sog. entgangenen Gewinn für die kündigungsbedingt nicht ausgeführten Arbeiten geltend. Im Rahmen des gerichtlichen Verfahrens behauptet er, die ihm zustehende Bauzeitverlängerung hätte sich tatsächlich auf zehn Werktage belaufen. Das Gericht bestellt einen Sachverständigen, der letztendlich neun Werktage bestätigt. Damit wäre die verlängerte Ausführungsfrist am 11.09.2015 abgelaufen. Die Fertigstellungsfrist wurde vom Auftraggeber also zu früh gesetzt. Das führt gezwungenermaßen dazu, dass seine Kündigung tatsächlich nicht aus wichtigem Grund erfolgt ist. Der Auftragnehmer hat tatsächlich einen Anspruch auf den sog. entgangenen Gewinn.

Hinweis für die Praxis

- Im Zweifel sollten Sie bei der Frage, zu welcher Bauzeitverlängerung etwaige Behinderungen führen, großzügig vorgehen.
- Auch die weiteren Fristen sollten Sie im Zweifel großzügig bemessen, damit später über die Angemessenheit kein Streit entsteht.
- Der Auftraggeber kann das Risiko der richtigen Berechnung des verlängerten Ausführungszeitraums einschränken, indem er wiederholt Fertigstellungsfristen setzt. Selbst wenn sich im Nachhinein herausstellt, dass die ersten von ihm gesetzten Fristen „zu früh" erfolgt sind, so kann er doch jedenfalls mit einer späteren Fristsetzung ggf. einen „Treffer" landen.

Für die Fallvariante C bedeutet dies:

- Der Auftraggeber muss zunächst unter Berücksichtigung der Baubehinderungen den verlängerten Ausführungszeitraum berechnen.
- Er muss sodann nach Ablauf dieses verlängerten Ausführungszeitraums eine Frist zur Fertigstellung setzen.
- Erst nach Ablauf dieser Fertigstellungsfrist gerät der Auftragnehmer in Verzug.

In den Fallvarianten B und C muss der Auftraggeber also den angemessenen bzw. den verlängerten Ausführungszeitraum berechnen und sodann eine Frist zur Fertigstellung setzen.

Zu 2. (Nachfristsetzung)

Ist der Auftragnehmer in Verzug geraten, dann muss der Auftraggeber dem Auftragnehmer eine Nachfrist setzen. Die Nachfrist selbst muss nicht noch einmal so lang sein wie die ursprünglich gesetzte Frist. Der Auftragnehmer hatte ja bereits die ursprüngliche Frist zur Verfügung.

Die Nachfristsetzung muss allerdings **zwingend** mit der Androhung der Vertragskündigung verbunden werden. Dabei genügt es nicht, sich die Kündigung des Vertrags nur vorzubehalten. Vielmehr muss dem Auftragnehmer deutlich gemacht werden, dass im Falle des nochmaligen Fristablaufs die Kündigung erfolgen wird.

Beispiel

Unzureichend wären folgende Formulierungen:

- „Sollten Sie diese Frist überschreiten, so behalten wir uns die Kündigung vor."

- „Im Falle des Fristablaufs müssen Sie ernsthaft mit der Kündigung rechnen."

Ausreichend dagegen wären folgende Formulierungen:
- „Sollte auch diese Frist ergebnislos ablaufen, so werden wir den Vertrag kündigen."

Zu 3. (Kündigung)

Nach Ablauf der Nachfrist kann der Vertrag dann gekündigt werden. Die Kündigung ist zwingend erforderlich, wenn der Auftraggeber sich die Möglichkeit vorbehalten will, eine Ersatzvornahme durchzuführen.

Die Kündigung muss der Auftraggeber unmittelbar nach Fristablauf erklären. Keinesfalls darf nach Ablauf der Frist noch ein längerer Zeitraum abgewartet werden. Die Kündigung sollte regelmäßig innerhalb eines Zeitraums von etwa ein bis drei Werktagen erklärt werden.

Der Auftraggeber kann den Vertrag nach § 8 Abs. 3 Nr. 1 Satz 2 VOB/B entweder insgesamt oder teilweise kündigen. Eine Teilkündigung kann sinnvoll sein, wenn der Auftraggeber mit dem Auftragnehmer an sich zufrieden ist und sich der drohende Verzug nur auf eine Teilleistung bezieht. Dann kann es sinnvoll sein, nur die zeitkritische Teilleistung zu kündigen.

Früher wurde teilweise die Ansicht vertreten, dass die Kündigung jeder (auch geringfügigen) Teilleistung zulässig sei (z.B. die Verlegung der Rohre bei einem Auftrag zur Errichtung einer Heizungsanlage). Nach neuer Rechtsprechung des Bundesgerichtshofs ist dies jedoch definitiv nicht mehr zulässig. Der BGH hat entschieden, dass eine Teilkündigung letztlich nur noch gewerkeweise ausgesprochen werden kann. Dies deshalb, weil § 8 Abs. 1 Nr. 1 Satz 2 VOB/B die Kündigung nur für „einen in sich abgeschlossenen Teil der vertraglichen Leistung" zu zulässig erklärt. Eine unselbstständige Teilleistung ist niemals ein in sich abgeschlossener Teil der vertraglichen Leistung.

Deshalb bleibt dem Auftraggeber bei drohendem Verzug letztlich nur die Wahl, ob er das gesamte betroffene Gewerk kündigen möchte. Einzelne Teilleistungen kann der Auftraggeber nicht (mehr) kündigen.

Die VOB/B stellt den Auftraggeber damit in der Praxis vor erhebliche Probleme. Die letztendlich einzig wirksame Abhilfe besteht darin, im Bauvertrag zu vereinbaren, dass Teilkündigungen auch dann ausgesprochen werden können, wenn sie sich nicht auf einen in sich abgeschlossenen Teil der Bauleistung beziehen. Ist das nicht geschehen, so bleibt dem Auftraggeber letztlich nur die Gesamtkündigung des Vertrags oder eines Gewerks.

Was droht dem Auftraggeber?

Der Auftraggeber erklärt im Falle des Leistungsverzugs die Kündigung i.d.R. mit dem Ziel, einen anderen Unternehmer einsetzen zu können (sog. Selbst- oder Ersatzvornahme).

Befindet sich der Auftragnehmer

- wegen Behinderungen nicht im Verzug oder
- hält der Auftraggeber das oben genannte Prozedere nicht ein,

dann ist eine Ersatzvornahme grundsätzlich nicht zulässig. Der Auftraggeber kann dann insbesondere die Mehrkosten, die ihm durch die Beauftragung des anderen Unternehmers entstehen, nicht beim Auftragnehmer geltend machen.

Er muss den gekündigten Auftragnehmer voll bezahlen, obwohl dieser seine Leistungen nicht rechtzeitig fertiggestellt hat. Hinsichtlich der dann kündigungsbedingt nicht mehr ausgeführten Leistungen des Auftragnehmers (Restarbeiten) kann dieser sogar noch die sog. Kündigungsvergütung nach § 8 Abs. 1 Nr. 2 i.V.m. § 649 BGB geltend machen. Dem Auftragnehmer steht dann also grundsätzlich die **volle Vergütung** für die nicht ausgeführten Leistungen zu. Er muss sich allein das anrechnen lassen, was er infolge anderweitigen Erwerbs oder infolge von Füllaufträgen erspart hat.

Das kann den Auftraggeber teuer zu stehen kommen. Nicht selten müssen Auftraggeber im Fall einer freien Kündigung zwischen 30 und 40 % der für den nicht ausgeführten Teil vereinbarten Vergütung noch als Kündigungsvergütung zahlen.

Das Risiko darf ein Auftraggeber keinesfalls unterschätzen. Die bloße Nichteinhaltung der oben genannten Kündigungsvoraussetzungen führt dazu, dass der Auftraggeber tatsächlich die von ihm gewollte Kündigung aus wichtigem Grund nicht ausspricht. Vielmehr spricht er – unfreiwillig – eine sog. freie Kündigung aus. Diese wird für ihn zum Bumerang.

Wo ist das geregelt?

Aus § 271 BGB ergibt sich, dass der Auftragnehmer die Leistung in angemessener Zeit fertigzustellen hat, auch wenn kein Fertigstellungstermin vereinbart wurde.

Die Notwendigkeit einer Nachfristsetzung unter Kündigungsandrohung ergibt sich aus § 5 Abs. 4 VOB/B. Die Kündigung wegen Verzugs ist in § 8 Abs. 3 VOB/B geregelt.

Die Rechtsfolgen einer sog. freien Kündigung ergeben sich aus § 8 Abs. 1 Nr. 2 VOB/B i.V.m. § 649 Satz 2 BGB.

2/2.3 Risiken bei der Vereinbarung neuer Termine

Sachverhalt

Die Parteien haben einen schriftlichen Bauvertrag abgeschlossen, in dem es in § 3 heißt, der Auftragnehmer habe seine Leistungen bis zum 01.04.2016 fertigzustellen. In § 5 des Vertrags heißt es, dass der Auftragnehmer eine Vertragsstrafe in Höhe von 0,3 % der Abrechnungssumme, höchstens jedoch 5 % zu zahlen habe, wenn er die in § 3 vereinbarte Fertigstellungsfrist schuldhaft nicht einhalte.

Nach Überschreitung des vereinbarten Termins ist absehbar, dass der Auftragnehmer noch einige Wochen für die Fertigstellung benötigen werde. Dies hat der Auftragnehmer u.a. mit einer Behinderung begründet, die vom Auftraggeber allerdings nicht anerkannt wurde. Der Auftraggeber überlegt, mit dem Auftragnehmer eine neue Frist zu vereinbaren, um ihn insoweit „festnageln" zu können. Dabei will der Auftraggeber aber nicht das Risiko eingehen, dass er etwaige Schadensersatz- oder Vertragsstrafenansprüche verliert.

Was muss der Auftraggeber wissen?

Unterschied zwischen Schadensersatz und Vertragsstrafe

Ist der Auftragnehmer mit der Fertigstellung in Verzug geraten, so kann der Auftraggeber in jedem Fall Schadensersatz fordern. Der Auftragnehmer muss ihm dann im Prinzip sämtliche finanziellen Nachteile ersetzen, die dem Auftraggeber durch die Überschreitung der Fertigstellungsfrist entstanden sind. Hierzu zählen üblicherweise gerade Mietausfälle, wenn der Auftraggeber das zu erstellende Bauwerk vermieten wollte. Denkbar sind hier aber auch etwaige Mehrkosten, die von den nachfolgenden (verspäteten) Gewerken geltend gemacht werden. Das Recht auf Schadensersatz steht dem Auftraggeber kraft Gesetzes bzw. kraft Vereinbarung der VOB/B zu.

Anders ist dies in Bezug auf eine etwaige Vertragsstrafe. Diese kann der Auftraggeber nur dann geltend machen, wenn sie zwischen den Parteien vereinbart wurde. Der Vorteil der Vertragsstrafe besteht darin, dass der Auftraggeber einen konkreten Schaden (anders als beim Schadensersatz) nicht nachzuweisen braucht. Die Zahlung der Vertragsstrafe hängt also nicht davon ab, dass dem Auftraggeber tatsächlich ein irgendwie gearteter finanzieller Nachteil entstanden ist.

Anforderungen an eine Vertragsstrafenklausel

Die Rechtsprechung hat mittlerweile sehr klare Anforderungen an eine Vertragsstrafenklausel (soweit sie in Allgemeinen Geschäftsbedingungen vereinbart wird) definiert.

Danach darf die Vertragsstrafe eine bestimmte Höhe pro Tag bzw. insgesamt nicht überschreiten. Nach derzeitiger Rechtsprechung stellen die hier gewählten Tagessätze von 0,3 % bzw. 5 % das maximal Zulässige dar. Die Bezugsgröße der Vertragsstrafe muss die Abrechnungssumme sein, nicht etwa die Auftragssumme. Die Vertragsstrafenklausel muss natürlich verschuldensabhängig formuliert sein.

Hinweis für die Praxis

Bei Vertragsstrafenklauseln für Zwischenfristen gelten noch weit höhere Anforderungen. Hier darf sich z.B. die Höhe nicht nach der Gesamtabrechnungssumme, sondern nur nach der verspäteten Teilleistung berechnen. Zudem darf ein Verzug bei einer ersten Zwischenfrist nicht automatisch dazu führen, dass die Vertragsstrafe auch für weitere Zwischenfristen anfällt, wenn der Verzug nicht wieder aufgeholt werden kann. Es ist angesichts dessen in der Praxis überaus schwierig, eine wirksame Vertragsstrafenklausel für Zwischenfristen in Allgemeinen Geschäftsbedingungen zu formulieren.

Im obigen Fall dürfte die Vertragsstrafenklausel insgesamt wirksam sein.

Ist die Vereinbarung einer neuen Frist für den Auftraggeber sinnvoll?

Die Vereinbarung neuer Fristen kann für den Auftraggeber dann sinnvoll sein, wenn Behinderungen im Raum stehen bzw. der Auftragnehmer sich auf solche beruft. Dies aus folgendem Grund:

Liegt eine Behinderung tatsächlich vor, so hat der Auftragnehmer grundsätzlich Anspruch auf Verlängerung der Ausführungsfrist. Dabei wird die Fristverlängerung berechnet nach der Dauer der Behinderung mit einem Zuschlag für die Wiederaufnahme der Arbeiten und die etwaige Verschiebung in eine ungünstigere Jahreszeit (§ 6 Abs. 4 VOB/B). Hier kann zwischen Auftragnehmer und Auftraggeber streitig sein, wie die Verlängerung konkret zu berechnen ist.

Beispiel

Im obigen Ausgangsfall behauptet der Auftragnehmer eine Behinderung von fünf Arbeitstagen und einen Zuschlag für die Wiederaufnahme der Arbeiten von zwei Arbeitstagen. Der Auftraggeber meint dagegen, die Behinderung habe nur drei Arbeitstage gedauert, zudem sei ein Zuschlag von einem Arbeitstag ausreichend. Je nachdem, welche Sichtweise letztendlich objektiv richtig ist, verlängert sich die Bauzeit entweder um sieben oder um vier Arbeitstage. Der Auftraggeber kann aber letztlich nicht sicher sein, dass seine Sichtweise richtig ist.

Vereinbaren die Parteien nach einer Behinderung einen neuen Fertigstellungstermin, dann geht der Auftraggeber dem Risiko der richtigen Einschätzung der Bauzeitverlängerung aus dem Weg. Er hat hinsichtlich des neuen Termins Rechtssicherheit.

Hinzu kommt: Selbst wenn zwischen den Parteien über die konkrete Verlängerung der Ausführungsfrist Klarheit besteht, so ist der daraus zu berechnende neue Termin keineswegs ein verbindlicher Vertragstermin. Das sind nämlich nur Termine, die zwischen den Parteien konkret bestimmt oder zumindest bestimmbar vereinbart wurden.

Zum Zeitpunkt des Abschlusses des Bauvertrags war aber die Behinderung und die damit zusammenhängende Ausführungsfristverlängerung nicht bestimmbar und schon gar nicht vereinbart.

Das bedeutet: Selbst wenn sich die Ausführungsfristverlängerung eindeutig berechnen lässt, so tritt durch die Überschreitung des neuen Termins nicht automatisch Verzug ein. Der Auftraggeber kann also mit Überschreitung der verlängerten Frist nicht sofort Schadensersatz oder die Vertragsstrafe fordern. Anders ist das, wenn ein konkreter (neuer) Fertigstellungstermin vereinbart wird.

Rechtssicherer ist für den Auftraggeber deshalb im Falle der Überschreitung des ursprünglich vereinbarten Termins die Vereinbarung eines neuen Termins bzw. einer neuen Frist.

Vereinbarung neuer Fristen und Vertragsstrafe

Bei Vereinbarung eines neuen Fertigstellungstermins muss der Auftraggeber allerdings Vorsicht walten lassen. So stellt sich für Ihn insbesondere die Frage,

- was im Hinblick auf die Vertragsstrafe für den alten Termin gilt,
- inwieweit die Vertragsstrafenklausel auch für den neuen Termin gilt, und
- ob der Auftraggeber durch die Vereinbarung Schadensersatzansprüche verliert.

Vereinbaren die Parteien einen neuen Fertigstellungstermin, so kann der Auftraggeber die Vertragsstrafe für den **alten** (überschrittenen) Termin regelmäßig nicht mehr geltend machen. Die Gerichte gehen regelmäßig von einem stillschweigenden Verzicht aus. Etwas anderes gilt aber dann, wenn der Auftraggeber sich die Vertragsstrafe für den alten Termin vorbehalten hat.

Ob die Vertragsstrafe automatisch auch für den **neuen** Fertigstellungstermin gilt, ist eine Frage des Einzelfalls. Das ist zu bejahen, wenn die Parteien die Geltung der Vertragsstrafe auch für den neuen Termin ausdrücklich vereinbart haben. Fehlt es an einer solchen Vereinbarung, so gehen viele Gerichte davon aus, dass die Vertragsstrafenklausel nicht automatisch für den neuen Termin gilt.

Nach einem Urteil des Bundesgerichtshofs soll aber eine Vertragsstrafenklausel, die „terminneutral" formuliert ist, auch für nachträglich vereinbarte Termine gelten. Dabei meint der BGH wohl Vertragsstrafenklauseln, die nicht auf einen ganz bestimmten Termin abstellen, sondern allgemein auf den „Verzug mit der Fertigstellung". Insoweit könnte es also einen Unterschied machen, ob sich die Vertragsstrafenklausel (wie im obigen Fall) auf eine konkret vereinbarte Frist bezieht oder (was günstiger wäre) schlicht auf den Verzug mit der Fertigstellung.

Hinweis für die Praxis

Vorsicht ist geboten, wenn der Auftraggeber die Vertragsstrafenklausel auf den alten und auf den neuen Termin beziehen möchte. Dann ist es denkbar, dass die Vertragsstrafe doppelt anfallen soll. Das würde dann häufig zu einer Überschreitung der zulässigen Obergrenzen für die Vertragsstrafe führen. Sinnvoller dürfte es sein, die Vertragsstrafe nur auf einen der beiden Termine zu beziehen. So könnte also vereinbart werden:

„Nach dem Bauvertrag sollte der Auftragnehmer seine Leistungen bis zum 01.04.2016 fertigstellen. Diesen Termin hat der Auftragnehmer nicht eingehalten. Über die Ursachen besteht derzeit keine abschließende Klarheit bzw. kein Einvernehmen. Die Parteien vereinbaren nichtsdestotrotz als neuen Fertigstellungstermin den 01.05.2016. Der Auftraggeber behält sich etwaige Ansprüche auf Schadensersatz und Zahlung der Vertragsstrafe für die Überschreitung des ursprünglichen Termins vor. Der neue Termin ist – damit es nicht zu einer Doppelung der Vertragsstrafe kommt – nicht seinerseits vertragsstrafenbewehrt".

Durch die Vereinbarung eines neuen Fertigstellungstermins wird die Geltendmachung von **Schadensersatz** regelmäßig nicht gehindert. Der Auftraggeber sollte allerdings vorsorglich klarstellen, dass er sich Schadensersatzansprüche auch für den ursprunglich vereinbarten Termin vorbehält. Ansonsten könnte man in der Vereinbarung neuer Termine einen Verzicht auf zuvor angefallene Schadensersatzforderungen sehen.

Was droht dem Auftraggeber?

Rechtsfolge einer überhöhten Vertragsstrafenklausel

Hat der Auftraggeber in seinen Geschäftsbedingungen eine Vertragsstrafenklausel gestellt, die die oben dargestellten Anforderungen missachtet, so ist die Vertragsstrafenklausel unwirksam. Das bedeutet im Ergebnis, dass der Auftraggeber überhaupt keine Vertragsstrafe geltend machen kann. Die Vertragsstrafe wird damit auch nicht auf das zulässige Maß „gestutzt". Sie fällt vielmehr komplett weg.

Dem Auftraggeber bleibt es aber – soweit die Voraussetzungen des Verzugs vorliegen – unbehalten, Schadensersatz geltend zu machen. In diesem Fall muss er allerdings die Höhe des Schadensersatzes im Detail nachweisen.

Der Auftraggeber vereinbart keine Termine

Werden keine neuen Termine vereinbart, so kommt es vornehmlich darauf an, ob sich der Auftragnehmer auf Behinderungen beruft. Ist das der Fall, so besteht im Hinblick auf den „geschuldeten" Fertigstellungstermin eine gewisse Rechtsunsicherheit. Denn es ist in diesem Fall unklar, um welchen konkreten Zeitraum die ursprünglich vereinbarte Fertigstellungfrist verlängert wird. Dazu kommt es auf die Dauer der Behinderung, aber auch auf den Zuschlag für die Wiederaufnahme der Arbeiten an. Insoweit wird es für den Auftraggeber häufig schwierig, den Auftragnehmer an einem konkreten neuen Termin festhalten zu können.

Verlust der Vertragsstrafe bzw. des Schadensersatzes mangels Vorbehalts

Vereinbart der Auftraggeber mit dem Auftragnehmer einen neuen Fertigstellungstermin, so sollte er sich sowohl den Schadensersatz als auch die Vertragsstrafe in Bezug auf den alten Termin unbedingt vorbehalten. Tut er dies nicht, so läuft er Gefahr, dass das Gericht von einem Verzicht ausgeht und ihm insoweit weder Schadensersatz noch die Vertragsstrafe im Hinblick auf den alten Termin zugesteht.

Keine Vereinbarung der Vertragsstrafe für den neuen Termin

Wird zwischen den Parteien nicht ausdrücklich vereinbart, dass auch der neue (vereinbarte) Termin der Vertragsstrafe unterliegt, so führt auch dies zu einer Rechtsunsicherheit. Es ist dann unklar, ob die Vertragsstrafe auch für den neuen Termin gilt.

Insoweit sollte der Auftraggeber entweder die Vertragsstrafenklausel terminneutral formulieren oder mit dem Auftragnehmer vereinbaren, dass auch der neue Fertigstellungstermin vertragsstrafenbewehrt ist.

In diesem Fall muss allerdings darauf geachtet werden, dass die Vertragsstrafe nicht doppelt anfällt.

Wo ist das geregelt?

Die Anforderungen an eine Vertragsstrafenklausel sind gesetzlich nicht normiert, sondern beruhen auf dem Grundsatz, dass eine Vertragspartei eine andere nicht unangemessen benachteiligen darf (§ 307 Abs. 2 BGB).

Der BGH hat in seinem Urteil vom 30.03.2006, VII ZR 44/05, entschieden, dass eine terminneutral formulierte Vertragsstrafe im Zweifelsfall auch für einen neuen vereinbarten Fertigstellungstermin gelten soll.

Die Berechnung der Verlängerung der Ausführungsfrist bei Behinderungen ergibt sich aus § 6 Abs. 2 und 6 VOB/B.

Dass nur die Überschreitung bestimmter oder bestimmbarer Termine zum Verzug führt, ist in § 286 Abs. 2 Nr. 1 und 2 BGB geregelt.

2/3 Ablaufdiagramme

Verzug mit dem Baubeginn?

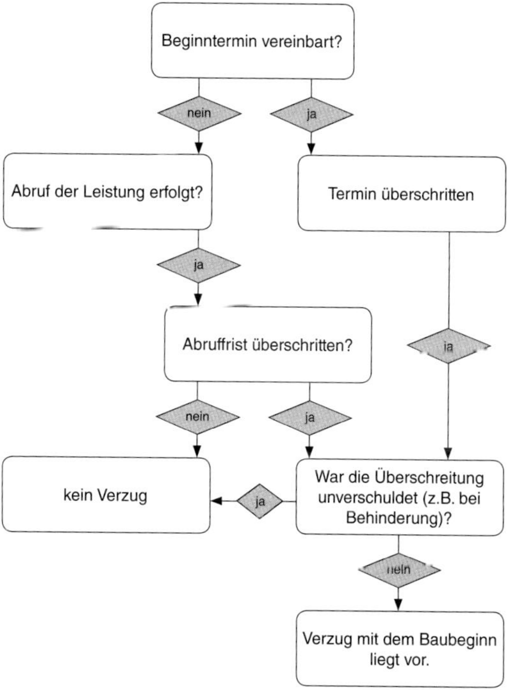

Verzug mit der Fertigstellung?

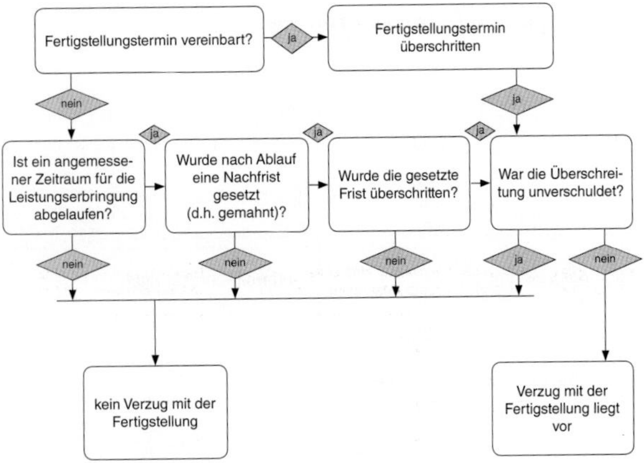

Ist der AN in Verzug geraten?

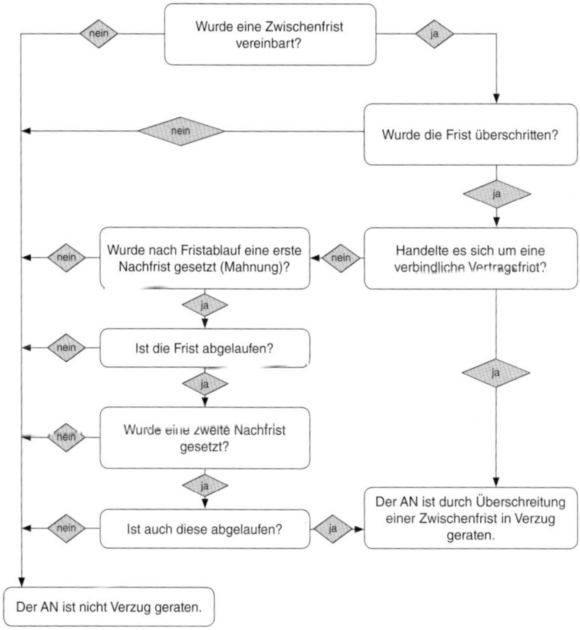

Liegt eine Behinderung vor?

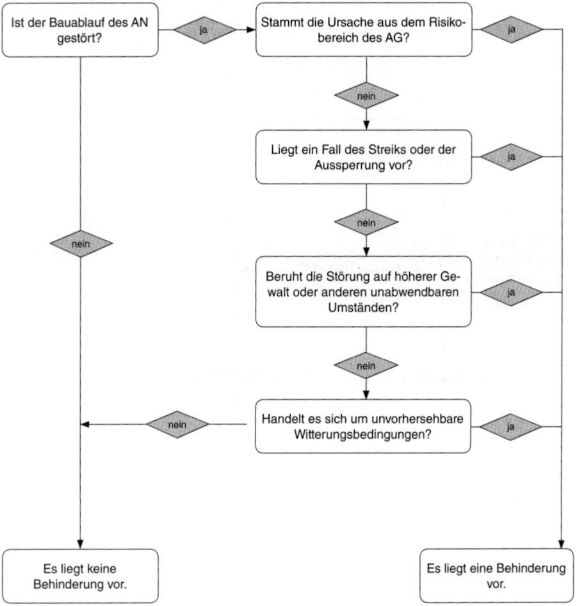

Ist der AN durch eine Abhilfeanordnung in Verzug geraten?

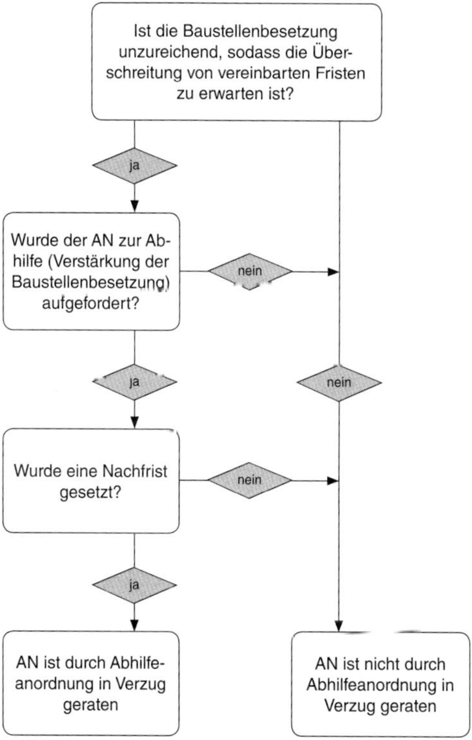

3 Abnahme

3/1 Die häufigsten Fehler bei der Abnahme

Die Abnahme ist eines der entscheidenden Ereignisse bei jedem Bauvorhaben. Mit ihr sind erhebliche Rechtswirkungen verknüpft wie etwa

- der Gefahrenübergang,
- die Beweislastumkehr in Bezug auf Mängel,
- der Beginn der Gewährleistungsfrist sowie die
- Fälligkeit der Schlussrechnung.

Fehler bei der Abnahme fuhren dabei immer wieder zu ganz erheblichen Rechtsnachteilen für den Auftraggeber. So drohen insbesondere der Verlust von Gewährleistungsrechten und sogar einer – an sich verwirkten – Vertragsstrafe.

Folgende Fehler sollten Sie unbedingt vermeiden:

Der Auftraggeber verlangt keine Abnahme

Mit der Abnahme ändert sich die Rechtslage in vielerlei Hinsicht. Deshalb haben beide Bauvertragsparteien ein nachhaltiges Interesse daran, Gewissheit darüber zu haben, ob die Leistungen des Auftragnehmers abgenommen wurden.

Wird keine (ausdrückliche) Abnahme durchgeführt, führt dies zu einer höchst risikobehafteten Unsicherheit. Denn solange die Abnahme nicht durchgeführt wurde, ist z.B. unsicher, ob und wann die Gewährleistungsfrist zu laufen begonnen hat und wann die Gefahr übergegangen ist. Haben die Parteien z.B. eine fünfjährige Gewährleistungsfrist vereinbart und zeigt sich fünf Jahre und einen Monat nach Fertigstellung der Arbeiten des Auftragnehmers ein Mangel, so ist ungewiss, ob sich der Auftragnehmer noch in der Gewährleistungsfrist befindet. In einem solchen Fall kann der Zeitpunkt der Fertigstellung nicht einfach mit der Abnahme gleichgesetzt werden. Die Abnahme setzt nämlich voraus, dass der Auftraggeber das Bauwerk in irgendeiner Weise als vertragsgerecht billigt. Das ist regelmäßig bei der bloßen Fertigstellung noch nicht der Fall.

Zu Problemen kommt es auch, wenn der Auftraggeber nach Fertigstellung eine Ersatzvornahme durchführen möchte (z.B. wegen nicht beseitigter Mängel). Die rechtlichen Voraussetzungen einer Ersatzvornahme unterscheiden sich je nachdem, ob eine Abnahme stattgefunden hat oder nicht. Vor Abnahme ist insbesondere noch die Kündigung des Vertrags notwendig. Bestehen hinsichtlich der Abnahme Ungewissheiten, so ist letztlich auch unklar, welche Voraussetzungen der Abnahme einschlägig sind.

Deshalb empfiehlt es sich bei jedem Bauvertrag, tatsächlich auch einen Abnahmetermin durchzuführen. Hat der Auftragnehmer das Bauwerk im Wesentlichen vertragsgerecht hergestellt, so steht am Ende des Termins die Abnahmeerklärung des Auftraggebers. Ist das nicht der Fall bzw. gibt es wesentliche Mängel, so kann der Auftraggeber natürlich die Abnahme verweigern. Auch in diesem Fall ist die Durchführung des Abnahmetermins sinnvoll, da dann zumindest

Klarheit darüber besteht, dass der Auftraggeber nicht zur Abnahme bereit ist.

Häufig meinen Auftraggeber, eine Abnahme sei deshalb verzichtbar, weil die Wirkungen der Abnahme im Wesentlichen dem Auftraggeber zugutekommen (z.B. Fälligkeit der Schlussrechnung). Das ist jedoch ein Irrglaube. Wird keine ausdrückliche Abnahme erklärt, so läuft der Auftraggeber häufig Gefahr, dass ihm seine Untätigkeit als stillschweigende Abnahmeerklärung ausgelegt wird. Das ist insoweit für den Auftraggeber nachteilig, als er im Rahmen einer stillschweigenden Abnahme natürlich keinerlei Vorbehalte wegen Mängeln oder wegen der Vertragsstrafe (dazu noch sogleich) erklären kann. Deshalb gilt: Bei jedem Bauvorhaben sollte nach der Fertigstellung ein Abnahmetermin durchgeführt werden.

Der Auftraggeber fertigt über die Abnahme kein Protokoll

Wird eine Abnahme durchgeführt, muss der Auftraggeber hierüber unbedingt ein Protokoll fertigen. In das Protokoll sind Vorbehalte wegen Mängeln und wegen der Vertragsstrafe sowie alle sonstigen bedeutsamen Feststellungen aufzunehmen.

Wird von einem Abnahmetermin kein Protokoll gefertigt, so kann im Nachhinein leicht Streit über die Durchführung und den Inhalt der Abnahmebegehung entstehen. Dem Auftraggeber wird es in diesem Fall häufig schwerfallen, z.B. einen Vorbehalt wegen bestimmten Mängeln zu beweisen.

Ein Protokoll ist insbesondere – aber nicht nur – dann notwendig, wenn der Auftraggeber die Abnahme im Ergebnis des Abnahmetermins verweigert. Ansonsten besteht die Gefahr, dass der Auftraggeber im Nachhinein die Behauptung aufstellt, die Abnahme sei bei dem Abnahmetermin erteilt worden.

Unterlassene Vorbehalte bei der Abnahme

Der Auftraggeber muss sich Mängel, die er bei der Abnahme erkannt hat, unbedingt im Abnahmeprotokoll vorbehalten. Unterbleibt ein solcher Vorbehalt, so kann der Auftraggeber keine Beseitigung des betroffenen Mangels verlangen. Zudem sind die Minderung, die Selbstvornahme und der Rücktritt nicht zulässig (§ 640 Abs. 2 BGB i.V.m. § 634 Nr. 1 bis 3 BGB).

Auch die Vertragsstrafe (im Fall der verspäteten Fertigstellung) muss sich der Auftraggeber bei der Abnahme vorbehalten. Unterlässt der Auftraggeber einen solchen Vorbehalt, so kann er später die Vertragsstrafe nicht mehr geltend machen. Das ist besonders misslich, wenn die Vertragsstrafe an sich völlig eindeutig angefallen war, weil z.B. der Auftragnehmer die Bauzeit schuldhaft mehrere Wochen überzogen hat. Selbst wenn die Vertragsstrafe völlig unstreitig angefallen ist, kann der Auftraggeber sie nicht mehr geltend machen, wenn er den Vorbehalt bei der Abnahme unterlässt.

Um diesem Risiko entgegenzuwirken, stehen dem Auftraggeber grundsätzlich zwei Wege zur Verfügung:

- Entweder er verwendet ein von ihm für Abnahmen erstelltes Formular. Dann kann er in dieses Formular schon vorab den Vorbehalt der Vertragsstrafe (formularmäßig) eintragen. Dies mag zwar die Gefahr beinhalten, dass auch in einem Fall, in dem die Vertragsstrafe nicht angefallen ist, ein Vorbehalt erklärt wurde. Das ist indes völlig unschädlich.

- Oder der Auftraggeber verankert im Bauvertrag, dass er den Vorbehalt der Vertragsstrafe nicht unbedingt bei der Abnahme tätigen muss. Hier gilt es allerdings zu beachten, dass der Auftraggeber den Vorbehalt in allgemeinen Geschäftsbedingungen nicht vollkommen ausschließen kann. Es ist allerdings wirksam, den Zeitpunkt des Vorbehalts hinauszuschieben, und zwar spätestens bis zur Fälligkeit der Schlussrechnung.

Der Auftraggeber überprüft das Abnahmeprotokoll vor seiner Unterschrift nicht

Der Auftraggeber darf ein Abnahmeprotokoll keinesfalls unterschreiben, wenn er nicht dessen Inhalt zuvor im Detail überprüft hat. Dies deshalb, weil nach einigen Urteilen der Inhalt eines Abnahmeprotokolls sogar einen geschlossenen Bauvertrag ändern kann.

Beispiel

Die Parteien haben im Bauvertrag eine fünfjährige Gewährleistungsfrist vereinbart. Ab Abnahme gerechnet würde diese Frist am 01.09.2020 ablaufen. In das Abnahmeprotokoll wurde als Ablauf der Gewährleistungsfrist allerdings der 01.08.2020 eingetragen. Der Auftraggeber unterschreibt. Das mit dem Fall befasste Gericht entschied, dass die Parteien damit einvernehmlich die Gewährleistungsfrist auf den 01.08.2020 verkürzt hätten. Ob diese Entscheidung so richtig ist, mag dahinstehen. Sie ist jedenfalls in der Baupraxis zu beachten.

Deshalb gilt: Ein Abnahmeprotokoll darf erst nach eingehender Prüfung der Eintragungen unterschrieben werden.

Verwenden Sie ein eigenes Abnahmeprotokoll

Wie oben bereits dargestellt, muss der Auftraggeber im eigenen Interesse bei der Abnahme Vorbehalte erklären und auch sichergehen, dass das Abnahmeprotokoll keine falschen Eintragungen enthält. Deshalb hat es sich in der Praxis bewährt, dass der Auftraggeber in Bezug auf die Abnahme ein eigenes Formular verwendet. Dieses kann er für den Abnahmetermin bereits vorbereiten. So kann er insbesondere schon vorab Vorbehalte wegen der Vertragsstrafe sowie in Bezug auf konkrete, ihm schon bekannte Mängel aufnehmen. Er kann zudem sichergehen, dass das Protokoll keine falschen Eintragungen (z.B. zum Ende der Gewährleistungsfrist) enthält.

Aufforderung zur Abnahme ernst nehmen

Fordert der Auftragnehmer den Auftraggeber zur Abnahme auf, so muss darauf reagiert werden. Ansonsten besteht die Gefahr, dass die Abnahmewirkungen auch ohne bzw. gegen den Willen des Auftraggebers eintreten. Das ist der Fall, wenn der Auftragnehmer zur Abnahme eine Frist gesetzt hat und das Bauwerk des Auftragnehmers frei von wesentlichen Mängeln ist. In diesem Fall treten die Abnahmewirkungen mit Fristablauf kraft Gesetzes ein (§ 640 Abs. 1 Satz 3 BGB).

Möchte der Auftraggeber die Abnahme wegen wesentlicher Mängel nicht erklären, so muss er innerhalb der ihm gesetzten Abnahmefrist die Abnahmeverweigerung aussprechen. Dazu muss er die Mängel, die zur Verweigerung führen, konkret benennen.

Schweigt der Auftraggeber auf die Aufforderung zur Abnahme, so wird er sich später auch nicht darauf berufen können, dass die Parteien eine förmliche Abnahme vereinbart hatten. Denn mit der Aufforderung zur Abnahme hat der Auftragnehmer gerade diese Abnahme gefordert. Der Auftraggeber kann die (förmliche) Abnahme nur bei wesentlichen Mängeln verweigern. Lagen keine wesentlichen Mängel vor, dann hätte der Auftraggeber die Abnahme innerhalb der gesetzten Frist erklären müssen. Dass der Auftraggeber dies pflichtwidrig unterlassen hat, kann nicht zulasten des Auftragnehmers gehen.

Der Auftraggeber fordert keine förmliche Abnahme

Bei der förmlichen Abnahme sind grundsätzlich beide Vertragsparteien anwesend und es wird über den Verlauf des Abnahmetermins ein Protokoll gefertigt (§ 12 Abs. 4 VOB/B). Eine solche förmliche Abnahme ist **immer** sinnvoll. Denn das Protokoll bietet Rechtssicherheit darüber, ob und ggf. wann und mit welchem Inhalt die Abnahme durchgeführt wurde.

Die förmliche Abnahme sollte der Auftraggeber bereits im Bauvertrag vereinbaren. Ist dies nicht der Fall, so kann der Auftraggeber die Abnahme aber auch noch nachträglich verlangen.

Wenn die förmliche Abnahme nicht vereinbart oder verlangt wurde, läuft der Auftraggeber Gefahr, dass die Abnahmewirkungen ohne oder gegen seinen Willen eintreten. Das ist bei der stillschweigenden oder fiktiven Abnahme der Fall.

Beispiel

Der Auftraggeber hat die förmliche Abnahme weder vereinbart noch verlangt. Ein Abnahmetermin wurde bislang nicht durchgeführt. Die Schlussrechnung wird vom Auftraggeber geprüft und mit Abzügen bezahlt. Mängel werden zunächst nicht gerügt.

In einem solchen Fall gehen viele Gerichte von einer stillschweigenden oder konkludenten Abnahme aus. Das gilt umso mehr, wenn die Parteien die VOB/B in den Vertrag einbezogen haben. Diese beinhaltet in § 12 Abs. 5 VOB/B zwei fiktive Abnahmeformen. So gilt eine Bauleistung zwölf Werktage nach Zugang der Fertigstellungsmitteilung als abgenommen. Nach ständiger Rechtsprechung stellt auch eine Schlussrechnung eine solche Fertigstellungsanzeige dar. Nimmt der Auftraggeber das erstellte Bauwerk sogar in Gebrauch, so treten die Abnahmewirkungen bereits innerhalb von sechs Werktagen ein.

Ohne Verlangen bzw. Vereinbarung der förmlichen Abnahme läuft der Auftraggeber also Gefahr, dass die Abnahmewirkungen ohne bzw. gegen seinen Willen eintreten.

Deshalb gilt: Die förmliche Abnahme sollte unbedingt bereits im Bauvertrag vereinbart werden.

Teilabnahmen werden im Bauvertrag nicht ausgeschlossen

Bei einem VOB/B-Vertrag hat der Auftragnehmer Anspruch auf Teilabnahmen, soweit er in sich abgeschlossene Leistungsteile fertiggestellt hat.

Solche Teilabnahmen sind regelmäßig nicht im Interesse des Auftraggebers. Denn eine Teilabnahme führt sämtliche Abnahmewirkungen herbei, wenn auch bezogen auf die Teilleistung. Es kommt also nicht nur zum Gefahrenübergang und zur Umkehr der Beweislast, sondern auch zum Beginn der Gewährleistungsfrist sowie zur Möglichkeit, eine Teilschlussrechnung zu stellen.

Teilabnahmen führen insbesondere dazu, dass der Auftraggeber nicht nur eine einheitliche Gewährleistungsfrist für das gesamte Bauvorhaben zu beachten hat, sondern dass gleich mehrere unterschiedliche Gewährleistungsfristen für verschiedene Bauteile laufen. Bei größeren Bauvorhaben könnte dies zu einer kaum noch zu beherrschenden Vielzahl von unterschiedlichen Gewährleistungsfristen führen. Das ist naturgemäß nicht im Interesse des Auftraggebers.

Deshalb sollten in jedem Bauvertrag Teilabnahmen ausdrücklich ausgeschlossen werden. Das ist auch im Rahmen allgemeiner Geschäftsbedingungen zulässig.

Der Auftraggeber lässt seinen Architekten/Fachingenieur gewähren

Die Abnahme ist eine rechtsgeschäftliche Erklärung, da der Auftraggeber mit ihr das Bauwerk als im Wesentlichen vertragsgerecht billigt. Solche rechtsgeschäftlichen Erklärungen stehen im Grundsatz nur dem Auftraggeber selbst zu. Natürlich kann sich dieser bei der Abnahmeerklärung vertreten lassen. Das ist aber nicht immer sinnvoll oder gewollt.

Entgegen weitverbreiteter Ansicht hat der Architekt bzw. Fachingenieur des Auftraggebers regelmäßig **keine** Vollmacht, die Abnahme zu erklären. Das ist auch richtig so, denn es ist allein Entscheidung des Auftraggebers, ob er die Abnahme erklären möchte. Das ist nicht Sache oder Entscheidung des Architekten. Im Regelfall muss sich der Auftraggeber die Abnahmeerklärung seines Architekten deshalb nicht zurechnen lassen.

Das kann im Ausnahmefall aber anders sein. Lässt der Auftraggeber z.B. den Architekten gewähren, dann können die Grundsätze einer Duldungs- oder Anscheinsvollmacht greifen. Das gilt etwa dann, wenn der Auftraggeber den Architekten zu einem Abnahmetermin entsendet. Dann muss der Auftraggeber ernsthaft damit rechnen, dass der Architekt in seinem Namen die Abnahmeerklärung abgibt.

Deshalb gilt: Der Auftraggeber sollte bereits im Bauvertrag klarstellen, dass der Architekt bzw. Fachingenieur nicht zur Abnahme bevollmächtigt ist. Er sollte den Auftragnehmer hierauf auch nach Fertigstellung vorsorglich noch einmal (schriftlich) hinweisen und betonen, dass etwaige Erklärungen oder Besichtigungen des Architekten keine rechtsgeschäftliche Abnahme darstellen.

Der Auftraggeber erklärt die Abnahmeverweigerung nicht ausdrücklich

Möchte der Auftraggeber die Abnahme verweigern, so muss er dies unbedingt ausdrücklich tun. Es empfiehlt sich dringend, dazu die Schriftform zu wählen. Ansonsten besteht nachträglich leicht Streit darüber, ob am Ende des Besichtigungstermins die Abnahme erklärt oder verweigert wurde. Ist der Abnahmetermin als solcher unstreitig, so tendieren viele Gerichte eher dazu, die Abnahme anzunehmen, wenn kein Schriftstück über die Abnahmeverweigerung vorliegt. Hier ist also Vorsicht geboten.

Hat der Auftragnehmer eine Frist zur Abnahme gesetzt, so muss die Abnahmeverweigerung innerhalb dieser Frist erklärt werden. Das Gleiche gilt, wenn die Fristen für die fiktive Abnahme nach § 12 Abs. 5 VOB/B laufen (zwölf Werktage nach Fertigstellung bzw. sechs Werktage nach Ingebrauchnahme).

Der Auftraggeber benennt die Gründe nicht, die zur Abnahmeverweigerung führen

Der Auftraggeber kann die Abnahme nur bei wesentlichen Mängeln bzw. Restleistungen verweigern (§ 12 Abs. 3 VOB/B). Eine wirksame Abnahmeverweigerung liegt allerdings nur vor, wenn der Auftraggeber die Gründe hierfür auch im Einzelnen darlegt. Das bedeutet, dass der Auftraggeber die Mängel bzw. die Restleistungen konkret benennen muss, auf die er die Abnahmeverweigerung stützt.

Natürlich ist auch hier die Schriftform dringend geboten.

Nach Ansicht vieler Gerichte ist eine Abnahmeverweigerung schlichtweg unwirksam bzw. unbeachtlich, wenn der Auftraggeber die Gründe hierfür –also die Mängel oder Restleistungen – nicht konkret benennt.

Bei streitigen Mängeln werden Beweise nicht gesichert

Viele Auftraggeber sind der Meinung, dass es regelmäßig genüge, sich im Rahmen der Abnahme auf bestimmte Mängel zu berufen. Die

Sicherung von Beweisen für die Mängel halten sie nicht für notwendig. Das stellt sich häufig als Irrtum heraus.

Es ist zwar richtig, dass bezüglich solcher Mängel, die der Auftraggeber sich bei der Abnahme vorbehält, die Beweislast **nicht** übergeht. Soweit also Mängel bei der Abnahme festgestellt (und im Protokoll festgehalten) wurden, trägt der Auftragnehmer grundsätzlich weiterhin die Beweislast. Er muss also beweisen, dass die dort genannten Mängel tatsächlich gar nicht vorhanden sind.

Vorsicht ist allerdings geboten, wenn sich das Vorhandensein des Mangels später (z.B. in einem Gerichtsprozess) nicht mehr ohne Weiteres beweisen lässt. Das ist insbesondere der Fall, wenn der Auftraggeber einen Mangel letztlich selbst beseitigt hat. In der gerichtlichen Praxis sind Richter immer wieder der Ansicht, dass der Auftraggeber nach einer durchgeführten Ersatzvornahme beweisen müsse, dass der Mangel ursprünglich vorhanden war. Das gelte selbst dann, wenn der Auftraggeber sich diesen Mangel im Abnahmeprotokoll vorbehalten hatte.

Auch wenn diese Ansicht rechtlich nicht unangreifbar ist, muss der Auftraggeber dennoch Vorsorge treffen. Immer dann, wenn

- ein Mangel streitig geblieben ist und
- der Auftraggeber den Mangel selbst beseitigen will oder
- der Mangel später (z.B. wegen Überdeckung) nicht mehr ohne Weiteres überprüfbar ist,

sollte der Auftraggeber im eigenen Interesse eine Beweissicherung durchführen. Im Minimum sollten hierüber ein Aktenvermerk und eine Fotodokumentation angefertigt werden.

Bei besonders hohem Mängelbeseitigungsaufwand empfiehlt es sich, ein externes Sachverständigenbüro hinzuzuziehen. Ansonsten läuft der Auftraggeber Gefahr, dass er sich später auf den nicht mehr vorhandenen oder nicht mehr zugänglichen Mangel ggf. nicht berufen kann und die Kosten zu dessen Beseitigung selbst tragen muss.

Der Auftraggeber schickt die Schlussrechnung mit Hinweis auf die noch nicht erfolgte Abnahme zurück

Es ist ein weitverbreiteter Irrtum, dass der Auftragnehmer vor der Abnahme die Schlussrechnung nicht legen darf. Das ist so nicht richtig.

Richtig ist, dass die Schlussrechnung vor der Abnahme nicht **fällig** wird. Das bedeutet jedoch nicht, dass der Auftragnehmer die Schlussrechnung nicht schon vor der Abnahme legen kann. Natürlich ist es zulässig, die Schlussrechnung schon vor der Abnahme zu legen.

Falsch ist auch die Annahme, der Auftraggeber müsse die Schlussrechnung vor der Abnahme nicht prüfen. Die Prüffrist beginnt nicht etwa erst mit der Abnahme, sondern schon mit Zugang der Rechnung.

Der Auftraggeber kann den Eintritt der Fälligkeit auch nicht dadurch verhindern, dass er die vor Abnahme gelegte Schlussrechnung ungeprüft zurückschickt. Das Zurückschicken hat rechtlich keine Bedeutung. Die Rechnung wird unabhängig davon fällig.

Beispiel

Der Auftragnehmer legt Schlussrechnung, die am 01.09.2015 beim Auftraggeber eingeht. Der Auftraggeber schickt die Schlussrechnung am 03.09.2015 mit dem Hinweis auf die noch nicht erfolgte Abnahme zurück. Die Prüffrist läuft (nach VOB/B) 30 Tage. Die Abnahme findet am 30.09.2015 statt.

Im obigen Beispielsfall ist die Schlussrechnung mit Ablauf des 30.09.2015 fällig geworden. Denn am 30.09.2014 ist sowohl die Prüffrist abgelaufen als auch die Abnahme als Fälligkeitsvoraussetzung eingetreten.

Der Auftraggeber läuft also Gefahr, dass er ab dem 01.10.2015 für die verspätete Zahlung der Schlussrechnung Zinsen oder Rechtsanwaltskosten zahlen muss.

3/2 Richtiges Verhalten im Streitfall

3/2.1 Abnahmeprotokoll auf Richtigkeit und Vollständigkeit prüfen!

Sachverhalt

Der Auftragnehmer ist mit der Fertigstellung seiner Arbeiten in Verzug geraten. Der Auftraggeber hat deshalb bereits den Abzug der Vertragsstrafe angedroht. Zum vereinbarten Abnahmetermin wird eine Begehung durchgeführt, bei der diverse Mängel feststellt werden. Diese sind jedoch nicht so wesentlich, dass die Abnahme verweigert werden muss. Deshalb ist der Auftraggeber grundsätzlich zur Erklärung der Abnahme bereit. Der Auftragnehmer hat dazu ein Abnahmeprotokoll vorbereitet. Dort ist von den Mängeln keine Rede. Ein Vorbehalt der Vertragsstrafe ist nicht vorgesehen. Der Ablauf der Gewährleistungsfrist ist dort mit dem 01.04.2018 vorgesehen, obwohl nach den vertraglichen Vereinbarungen die Gewährleistungsfrist eigentlich erst am 01.05.2018 ablaufen würde.

Worauf muss der Auftraggeber achten? Was muss er tun?

Nahezu jeder Auftraggeber weiß, dass die Abnahme mit wichtigen Rechtswirkungen verknüpft ist. Insbesondere

- kommt es zur Beweislastumkehr im Hinblick auf Mängel,
- geht die Gefahr auf den Auftraggeber über,
- beginnt die Gewährleistungsfrist und
- tritt die Fälligkeit der Schlussrechnung ein.

Weniger bekannt ist, dass die Abnahme auch zum Rechtsverlust aufseiten des Auftraggebers führen kann. Das ist z.B. der Fall, wenn sich der Auftraggeber von ihm bei Abnahme erkannte **Mängel** nicht vorbehält (§ 640 Abs. 2 BGB).

Dabei muss sich der Auftraggeber allerdings nur solche Mängel vorbehalten, die er bei Abnahme tatsächlich erkannt hat. Es geht nicht um Mängel, die der Auftraggeber (bei sorgfältiger Untersuchung) hätte erkennen können.

Beispiel

- Der Auftraggeber erkennt bei der Abnahme, dass statt der vereinbarten braunen Tür eine weiße Tür eingebaut wurde. Dagegen erkennt er nicht, dass das an sich vereinbarte Gefälle von 2 % nicht hergestellt wurde. Tatsächlich beläuft sich das Gefälle nur auf 1,5 %.
- Den Mangel der falschen Tür hat der Auftraggeber erkannt. Hier ist also ein Vorbehalt bezüglich des Mangels notwendig. Etwas anderes gilt in Bezug auf das Gefälle. Diesen Mangel hat der Auftraggeber bei der Abnahme tatsächlich nicht erkannt.

Möchte der Auftraggeber die **Vertragsstrafe** geltend machen, so muss er sich auch diese bei der Abnahme vorbehalten.

Die Vorbehalte bezüglich erkannter Mängel und bezüglich der Vertragsstrafe müssen **bei der Abnahme** erklärt werden. Es genügt deshalb nicht, dass sich der Auftraggeber z.B. einige Zeit vor der Abnahme bereits auf die Mängel oder auf die Vertragsstrafe berufen hat.

Hinweis für die Praxis

Es ist zulässig, im Bauvertrag den Vorbehalt wegen der Vertragsstrafe zeitlich hinauszuzögern. So kann – auch in allgemeinen Geschäftsbedingungen – geregelt werden, dass der Vorbehalt der Vertragsstrafe noch bis zur Fälligkeit der Schlusszahlung geltend gemacht werden kann.

Der Auftraggeber muss bei der Unterschrift unter das Abnahmeprotokoll schließlich prüfen, ob dessen Inhalt auch im Übrigen **korrekt** ist. Im obigen Beispielsfall hatte der Auftragnehmer den Ablauf der Gewährleistungsfrist falsch berechnet. Unterschreibt der Auftraggeber dennoch das Abnahmeprotokoll, so läuft er Gefahr, dass er damit den Vertrag ändert.

Deshalb gilt: Prüfen Sie vor Unterzeichnung des Abnahmeprotokolls unbedingt dessen Vollständigkeit. Das gilt natürlich insbesondere dann, wenn das Protokoll vom Auftragnehmer erstellt wurde.

Hinweis für die Praxis

Es empfiehlt sich stets, bei Abnahmen ein eigenes Protokoll vorzubereiten. Dort können z.B. Vorbehalte wegen bereits bekannter Mängel vorab eingetragen werden. Auch der Vorbehalt der Vertragsstrafe kann in ein solches Abnahmeprotokoll bereits formularmäßig eingetragen werden. Im schlimmsten Fall erklärt der Auftraggeber dann einen Vorbehalt, obwohl er die Vertragsstrafe gar nicht ansetzen möchte. Das ist aber unproblematisch und weit weniger schädlich, als den Vorbehalt der Vertragsstrafe zu vergessen, wenn diese tatsächlich herangezogen werden soll.

Was droht dem Auftraggeber?

Hat sich der Auftraggeber einen erkannten **Mangel** bei der Abnahme nicht vorbehalten, so verliert er bestimmte Gewährleistungsrechte. Ihm steht kein Recht auf Mängelbeseitigung, Selbstvornahme (= Ersatzvornahme), Rücktritt oder Minderung zu (§ 640 Abs. 2 i.V.m. § 634 Nr. 1 bis 3 BGB). Das Recht, Schadensersatz zu verlangen, bleibt jedoch erhalten.

Unterlässt der Auftraggeber den Vorbehalt der **Vertragsstrafe,** so kann der Auftraggeber die Vertragsstrafe nachträglich nicht mehr geltend machen (§ 12 Abs. 5 Nr. 3 VOB/B, § 341 Abs. 3 BGB). Ein bei der Abnahme unterlassener Vorbehalt führt unweigerlich dazu, dass der Auftraggeber die Vertragsstrafe nicht mehr geltend machen kann. Das gilt selbst dann, wenn die Voraussetzungen der Vertragsstrafe eindeutig vorliegen.

Die Vorbehalte müssen unbedingt schriftlich geschehen, da ansonsten Streit vorprogrammiert ist. So ist im obigen Ausgangsfall ohne Weiteres denkbar, dass der Auftragnehmer sich später an die Vorbehalte nicht erinnern kann oder will. Der Auftraggeber wird insoweit in Beweisnot geraten, wenn er die Vorbehalte nicht schriftlich fixiert hat. Deshalb ist es unumgänglich, dass der Auftraggeber entweder ein eigenes Abnahmeprotokoll fertigt oder jedenfalls darauf achtet, dass das Abnahmeprotokoll des Auftragnehmers alle von ihm erklärten Vorbehalte enthält.

Unterschreibt der Auftraggeber ein nicht **korrektes** Abnahmeprotokoll, so kann er dadurch im Extremfall den Vertrag ändern. Es ist bereits gerichtlich entschieden worden, dass insbesondere in der Unterzeichnung eines Abnahmeprotokolls eine neue Vereinbarung von Gewährleistungsfristen liegen kann, wenn im Abnahmeprotokoll andere Fristen vorgesehen sind als im ursprünglichen Bauvertrag. Auch wenn diese Rechtsprechung zweifelhaft erscheint (möchte der Auftraggeber durch Unterzeichnung des Abnahmeprotokolls wirklich den Vertrag ändern?), so muss sich der Auftraggeber auf diese Rechtsprechung dennoch einstellen. Unterschreibt er etwa im Ausgangsfall das Abnahmeprotokoll, dann führt dies nach der vorzitierten Rechtsprechung dazu, dass es zu einer Verkürzung der Gewährleistungsfrist kommt.

Wo ist das geregelt?

Der Verlust von Gewährleistungsrechten bei fehlendem Vorbehalt erkannter Mängel ergibt sich aus § 640 Abs. 2 i.V.m. § 634 Nr. 1 bis 3 BGB.

Aus § 12 Abs. 5 Nr. 3 VOB/B und § 341 Abs. 3 BGB ergibt sich, dass der Auftraggeber die Vertragsstrafe nicht mehr geltend machen kann, wenn er sie sich nicht bei der Abnahme vorbehalten hat.

Dass die Parteien durch Unterschrift unter das Abnahmeprotokoll auch den Vertrag ändern können (z.B. im Hinblick auf die Gewährleistungsfrist), ergibt sich nicht direkt aus dem Gesetz. Dies hat aber z.B. das OLG Braunschweig in seinem Urteil vom 20.12.2012 (OLG Braunschweig, 20.12.2012, 8 U 7/12) entschieden.

3/2.2 Wann ist der Auftraggeber an die Abnahmeerklärung des Architekten/Fachingenieurs gebunden?

Sachverhalt

Zum vereinbarten Abnahmetermin erscheinen der Auftragnehmer sowie der Architekt (wahlweise Fachingenieur) des Auftraggebers. Der Auftraggeber selbst ist nicht erschienen. Die erbrachten Leistungen werden besichtigt. Dabei werden kleinere Mängel festgestellt. Am Ende der Besichtigung soll ein Abnahmeprotokoll beiderseitig unterschrieben werden. Im Protokoll finden sich keinerlei Vorbehalte wegen Mängeln oder wegen der Vertragsstrafe. Zudem ist in dem Protokoll der Ablauf der Gewährleistungsfrist falsch (nämlich zu früh) berechnet worden. Der Architekt unterzeichnet das Abnahmeprotokoll dennoch.

Einige Tage später erhält der Auftraggeber eine Durchschrift des Abnahmeprotokolls. Er ist mit der Abnahme nicht einverstanden, da er wesentliche Mängel festgestellt hat. Zudem möchte er einen Vorbehalt wegen der Vertragsstrafe geltend machen, da er diese von der Schlussrechnung in Abzug bringen möchte.

Worauf muss der Auftraggeber achten? Was muss er tun?

Als Auftraggeber könnte man die Ansicht vertreten, dass das übersandte Abnahmeprotokoll bedeutungslos ist, da der Architekt (Fachingenieur) grundsätzlich keine Vollmacht hat, für den Auftraggeber eine Abnahmeerklärung abzugeben. Das ist zwar im Prinzip, nicht aber im hiesigen Fall richtig.

Zwar ist allgemein anerkannt, dass ein Architekt (Fachingenieur) grundsätzlich keine Vertretungsmacht hat, den Auftraggeber bei der Abnahmeerklärung zu vertreten. Die Abnahmeerklärung nämlich ist eine rechtsgeschäftliche Erklärung, zu der der Architekt nicht bevollmächtigt ist. Insbesondere wird der Architekt nicht allein dadurch bevollmächtigt, dass der Auftraggeber ihn mit Architektenleistungen/der Bauüberwachung beauftragt hat.

Dennoch muss sich der Auftraggeber in bestimmten Fallkonstellationen eine Abnahmeerklärung seines Architekten zurechnen lassen. Das kommt nach den Grundsätzen der Anscheins- oder Duldungsvollmacht in Betracht. Haben der Auftraggeber und der Auftragnehmer beispielsweise schon mehrfach zusammengearbeitet und hat der Auftraggeber dort stets die Abnahme durch den Architekten akzeptiert, dann ist dadurch ein Vertrauenstatbestand geschaffen worden. In diesem Fall kann der Auftragnehmer regelmäßig davon ausgehen, dass der Architekt auch bei zukünftigen Vertragsverhältnissen Vollmacht hat, den Auftraggeber zu vertreten.

Nach neuerer Rechtsprechung gilt zudem jede Person als bevollmächtigt, die vom Auftraggeber gezielt zu Verhandlungen entsandt wird. Das gilt jedenfalls dann, wenn der Auftraggeber damit rechnen musste, dass der Vertreter im Rahmen der Verhandlungen rechtsgeschäftliche Erklärungen abgeben werde. Dazu folgendes Beispiel:

Beispiel

Der Auftragnehmer hat den Auftraggeber zum Abnahmetermin eingeladen. Der Architekt, der von dem Termin ursprünglich keine Kenntnis hatte, wird vom Auftraggeber gebeten, den Abnahmetermin wahrzunehmen. Er selbst wolle nicht erscheinen. In einem solchen Fall muss der Auftraggeber ernsthaft damit rechnen, dass der Architekt sich im Rahmen des Abnahmetermins zu rechtsgeschäftlichen Erklärungen hinreißen lässt, und ggf. sogar die Abnahme erklärt. Dann kann sich aber der Auftraggeber nicht nachträglich darauf berufen, er habe dem Architekten für die Erklärung der Abnahme keine Vollmacht erteilt.

Zudem ergibt sich aus einer Reihe neuerer Entscheidungen, dass sich der Auftraggeber das Verhalten seines Architekten ggf. auch nach den Grundsätzen des kaufmännischen Bestätigungsschreibens zurechnen lassen muss. Dabei geht es um Folgendes: Haben die Vertragspartner mündliche Verhandlungen geführt und bestätigt eine Vertragspartei der anderen schriftlich das Besprochene, dann handelt es sich dabei um ein sog. kaufmännisches Bestätigungsschreiben. In einem solchen Fall muss der Empfänger den Inhalt des Schreibens innerhalb kürzester Frist (maximal drei bis fünf Werktage) prüfen. Stimmt der Inhalt des Schreibens nicht mit dem tatsächlich Besprochenen überein, so muss der Empfänger dem Schreiben widersprechen. Ansonsten läuft er Gefahr, dass er den Inhalt des Schreibens gegen sich gelten lassen muss.

Das bedeutet für den hiesigen Ausgangsfall, dass der Auftraggeber dem Inhalt des Abnahmeprotokolls unbedingt zeitnah widersprechen muss. Das gilt insbesondere im Hinblick auf Vorbehalte wegen Mängeln, den Vorbehalt der Vertragsstrafe sowie die abweichende Gewährleistungsfrist. Der Auftraggeber sollte insgesamt auch der Erklärung der Abnahme widersprechen.

Was droht dem Auftraggeber?

Widerspricht der Auftraggeber dem Abnahmeprotokoll als kaufmännischem Bestätigungsschreiben nicht, so muss er den Inhalt gegen sich gelten lassen. Es steht dann unwiderleglich fest, dass bei der Abnahme keine Vorbehalte wegen Mängeln und wegen der Vertragsstrafe gemacht wurden.

Das hat zur Folge, dass der Auftraggeber Gewährleistungsrechte wegen der nicht vorbehaltenen Mängel (teilweise) verliert. Zudem kann der Auftraggeber dann die Vertragsstrafe – selbst wenn sie eindeutig angefallen ist – nicht mehr geltend machen. Schließlich hätte der Auftraggeber der abweichenden Festlegung der Gewährleistungsfrist zugestimmt.

Der Auftraggeber könnte sich dann auch nicht mehr darauf stützen, dass der bei der Abnahme anwesende Architekt gar keine Vollmacht hatte, die Abnahmeerklärung abzugeben. Vielmehr würde der fehlende Widerspruch gegen das kaufmännische Bestätigungsschreiben auch dazu führen, dass der Architekt als bevollmächtigt gilt.

Mit anderen Worten: Widerspricht der Auftraggeber dem Abnahmeprotokoll nicht, so erleidet er ganz erhebliche Rechtsnachteile.

Wo ist das geregelt?

Der Verlust von Gewährleistungsrechten bei fehlendem Vorbehalt erkannter Mängel ergibt sich aus § 640 Abs. 2 i.V.m. § 634 Nr. 1 bis 3 BGB.

Aus § 12 Abs. 5 Nr. 3 VOB/B und § 341 Abs. 3 BGB ergibt sich, dass der Auftraggeber die Vertragsstrafe nicht mehr geltend machen kann, wenn er sie sich nicht bei der Abnahme vorbehalten hat.

Dass die Grundsätze des kaufmännischen Bestätigungsschreibens auch auf das Abnahmeprotokoll anwendbar sind, ergibt sich nicht unmittelbar aus dem Gesetz. Dies hat aber z.B. das OLG Braunschweig in seinem Urteil vom 20.12.2012 (OLG Braunschweig, 20.12.2012, 8 U 7/12) entschieden.

3/2.3 Förmliche Abnahme vereinbaren oder verlangen

Sachverhalt

Der Auftragnehmer eines VOB/B-Werkvertrags hat seine Arbeiten fertiggestellt und legt Schlussrechnung. Der Auftraggeber hat die Arbeiten des Auftragnehmers bislang nicht überprüft und ist deshalb zunächst nicht bereit, die Abnahme zu erklären. Er geht davon aus, dass die Bauleistung Mängel aufweisen wird. Zudem möchte der Auftraggeber die Vertragsstrafe geltend machen, da der Auftragnehmer die Bauzeit mehrere

Wochen schuldhaft überzogen hat. Die förmliche Abnahme ist im Bauvertrag nicht vereinbart worden.

Worauf muss der Auftraggeber achten? Was muss er tun?

Der Auftraggeber muss sich zunächst über die Rechtswirkung der Abnahme bewusst sein. Mit der Abnahme

- geht die Beweislast im Hinblick auf Mängel über,
- geht die Gefahr auf den Auftraggeber über,
- beginnt die Gewährleistungsfrist und
- tritt die Fälligkeit der Schlussrechnung ein.

Der Auftraggeber muss auch wissen, dass die Abnahmewirkungen in bestimmten Fällen auch ohne bzw. gegen seinen Willen eintreten können. Das ist insbesondere bei sog. fiktiven Abnahmen der Fall. In Betracht kommen insbesondere fiktive Abnahmen

- durch Ingebrauchnahme,
- nach einer Fertigstellungsanzeige oder
- nach einer Aufforderung des Auftragnehmers zur Erklärung der Abnahme.

Eine fiktive Abnahme durch Ingebrauchnahme tritt ein, wenn der Auftraggeber das vom Auftragnehmer fertiggestellte Bauwerk in Benutzung nimmt und der Abnahme nicht innerhalb von sechs Werktagen widerspricht.

Die fiktive Abnahme aufgrund einer Fertigstellungsmitteilung des Auftragnehmers tritt zwölf Tage nach Zugang der Fertigstellungsmitteilung ein, soweit der Auftraggeber nicht widerspricht. Dabei ist von besonderer praktischer Bedeutung, dass nach der Rechtsprechung auch die Schlussrechnung eine Fertigstellungsanzeige darstellt. Denn mit der Schlussrechnung gibt der Auftragnehmer dem Auftraggeber zu erkennen, dass er seine Leistungen fertiggestellt hat. Deshalb können die Wirkungen einer fiktiven Abnahme zwölf Werktage nach Eingang der Schlussrechnung eintreten.

Der Auftragnehmer kann schließlich eine fiktive Abnahme herbeiführen, indem er den Auftraggeber unter Fristsetzung (regelmäßig zwölf Werktage) zur Abnahme auffordert. Ist das Bauwerk dann tatsächlich abnahmereif, treten die Abnahmewirkungen mit Fristablauf ein.

Es ist also ohne Weiteres denkbar, dass die oben genannten Abnahmewirkungen ohne oder gar gegen den Willen des Auftraggebers (allein durch Ablauf der o.g. Fristen) eintreten können.

Fiktive Abnahmen kommen allerdings dort nicht in Betracht, wo eine förmliche Abnahme

- entweder im Bauvertrag vereinbart
- oder von einer Vertragspartei verlangt wurde.

In beiden Fällen kommt eine fiktive Abnahme nach den oben genannten Grundsätzen nicht in Betracht.

Es empfiehlt sich daher dringend, schon im Bauvertrag die förmliche Abnahme zu vereinbaren. In diesem Fall kann sich der Auftragnehmer grundsätzlich nicht auf eine fiktive Abnahme nach den obigen Grundsätzen stützen.

Sollte die förmliche Abnahme noch nicht im Bauvertrag vereinbart worden sein, so kann der Auftraggeber die förmliche Abnahme auch noch nachträglich verlangen. Beachten Sie allerdings: Sind die Wirkungen einer fiktiven Abnahme nach Ablauf der oben genannten Fristen bereits eingetreten, so ist es zu spät. Da die Abnahme dann bereits als erfolgt gilt, ist nach diesem Zeitpunkt die Forderung nach einer förmlichen Abnahme nicht mehr sinnvoll.

Was droht dem Auftraggeber?

Lässt der Auftraggeber bei einer fiktiven Abnahme die jeweilige Frist verstreichen, so treten die Abnahmewirkungen ein. Insbesondere

- geht die Beweislast im Hinblick auf Mängel über,
- geht die Gefahr auf den Auftraggeber über,
- beginnt die Gewährleistungsfrist und
- tritt die Fälligkeit der Schlussrechnung ein.

Besonders misslich ist für den Auftraggeber, dass mit Eintritt der fiktiven Abnahme sich auch die Beweislast für Mängel umkehrt. Mit Eintritt der Abnahmewirkungen muss also der Auftraggeber beweisen, dass von ihm behauptete Mängel tatsächlich vorliegen. Dazu folgendes Beispiel:

Beispiel

- Der Auftragnehmer hat eine Kelleraußenwandabdichtung hergestellt. Dennoch sind die Wände auch nach einiger Zeit noch feucht. Der Auftraggeber meint, dies beruhe auf einer mangelhaften Abdichtung. Der Auftragnehmer hält dem entgegen, dass die Feuchtigkeit eine andere Ursache haben müsse, etwa einen Wasserschaden innerhalb des Gebäudes oder undichte Fenster.

- In diesem Beispielsfall kommt es auf die Beweislastverteilung entscheidend an. Vor der Abnahme muss der Auftragnehmer beweisen, dass seine Abdichtung in Ordnung ist und die Feuchtigkeit eine andere Ursache hat. Nach der Abnahme muss der Auftraggeber beweisen, dass die Mangelursache in der Abdichtung (und nicht in einer anderen Ursache) zu finden ist.

Treten die Abnahmewirkungen aufgrund einer fiktiven Abnahme ein, so hat dies also allein schon wegen der Beweislastverteilung Nachteile für den Auftraggeber.

Zudem drohen dem Auftraggeber Rechtsverluste, wenn er „bei der Abnahme“ keine Vorbehalte wegen Mängeln und/oder wegen der Vertragsstrafe erklärt. Das ist z.B. der Fall, wenn sich der Auftraggeber von ihm bei der Abnahme erkannte Mängel nicht vorbehält (§ 640 Abs. 2 BGB). Möchte der Auftraggeber die Vertragsstrafe geltend machen, so muss er sich auch diese bei der Abnahme vorbehalten.

Wo ist das geregelt?

Die förmliche Abnahme ist in § 12 Abs. 4 VOB/B geregelt.

Der Verlust von Gewährleistungsrechten bei fehlendem Vorbehalt erkannter Mängel ergibt sich aus § 640 Abs. 2 i.V.m. § 634 Nr. 1 bis 3 BGB.

Aus § 12 Abs. 5 Nr. 3 VOB/B und § 341 Abs. 3 BGB ergibt sich, dass der Auftraggeber die Vertragsstrafe nicht mehr geltend machen kann, wenn er sie sich nicht bei der Abnahme vorbehalten hat.

3/2.4 Zurückschicken der Schlussrechnung mangels Abnahme

Sachverhalt

Der Auftragnehmer legt Schlussrechnung, die am 02.06.2014 beim Auftraggeber eingeht. Als Zahlungsfrist ist – gemäß VOB 2012 – ein Zeitraum von 30 Tagen vorgesehen. Diese läuft mit Ende des 02.07.2014 ab. Der Auftraggeber schickt die Schlussrechnung dem Auftragnehmer am 03.06.2014 ungeprüft zurück. Er verweist darauf, dass die Abnahme noch nicht durchgeführt wurde. Diese ist erst für den 30.06.2014 vereinbart worden.

Worauf muss der Auftraggeber achten? Was muss er tun?

Entgegen weitverbreiteter Ansicht ist die Legung der Schlussrechnung nicht davon abhängig, dass die Abnahme bereits stattgefunden hat. Richtig ist zwar, dass eine Schlussrechnung nicht vor Erklärung der Abnahme fällig wird. Das bedeutet jedoch nicht, dass die Schlussrechnung nicht schon **vor der Abnahme** gelegt werden kann. Das ist zulässig.

Fällig wird die Schlussrechnung dann, wenn sowohl die Zahlungsfrist abgelaufen als auch die Abnahme erklärt wurde. Im obigen Beispielsfall wird die Abnahme voraussichtlich noch vor Ablauf der Zahlungsfrist, nämlich am 30.06.2014 erklärt werden. Deshalb wird die Fälligkeit der Schlussrechnung mit Ablauf des 02.07.2014 eintreten.

Dass der Auftraggeber die Schlussrechnung zurückgeschickt hat, ändert an diesem Sachverhalt nichts. Das Zurückschicken hat keinerlei rechtliche Bedeutung.

Was droht dem Auftraggeber?

Zahlt der Auftraggeber die Schlussrechnung nicht spätestens am 02.07.2014, so gerät er in Zahlungsverzug. Zu beachten ist, dass nach der Neuregelung der VOB/B 2012 die Zahlung nur dann rechtszeitig erfolgt ist, wenn der Zahlungsbetrag am **letzten Tag der Frist** beim Auftragnehmer **tatsächlich eingeht** bzw. gutgeschrieben wird. Früher galt, dass die Frist auch dann gewahrt ist, wenn der Auftraggeber die Zahlung am letzten Tag der Frist anwies. Dies hat sich spätestens durch die Neufassung der VOB/B 2012 geändert.

Der Auftragnehmer kann bei Zahlungsverzug einerseits Zinsen für die jeweils offene Forderung berechnen, dies in Höhe von acht Prozentpunkten über dem Basiszinssatz, soweit es sich beim Auftraggeber nicht um einen Verbraucher (einen privaten Häuslebauer) handelt. Dann beträgt der Zinssatz nur fünf Prozentpunkte über dem Basiszins.

Darüber hinaus kann der Auftragnehmer einen Rechtsanwalt mit der Forderungsbeitreibung beauftragen. Die Rechtsanwaltskosten sind vom Auftraggeber zu zahlen.

Da der Auftraggeber die zurückgeschickte Rechnung nicht prüfen kann, wird er mit Ablauf des 02.07.2014 darüber hinaus den Einwand der mangelnden Prüfbarkeit der Rechnung verlieren. Er kann sich also nachträglich nicht mehr darauf berufen, die Rechnung sei für ihn (z.B. wegen fehlender Aufmaße) gar nicht prüfbar gewesen.

Wo ist das geregelt?

Aus § 641 Abs. 1 Satz 1 BGB ergibt sich, dass die Schlussrechnung mit der Abnahme fällig wird.

Die grundsätzlich 30-tägige Zahlungsfrist bei Schlussrechnungen ergibt sich aus § 16 Abs. 3 Nr. 1 Satz 1 VOB/B 2012.

Nach § 16 Abs. 3 Nr. 1 Satz 3 VOB/B verliert der Auftraggeber den Einwand der fehlenden Prüfbarkeit, wenn er sich nicht innerhalb der Prüffrist darauf beruft.

Dass der Zahlungseingang (nicht mehr die Zahlungshandlung) für Rechtzeitigkeit der Zahlung entscheidend ist, ergibt sich aus § 16 Abs. 5 Nr. 3 Satz 3 VOB/B.

3/3 Ablaufdiagramme

Förmliche Abnahme: Wann ist sie im Streitfall erfolgt?

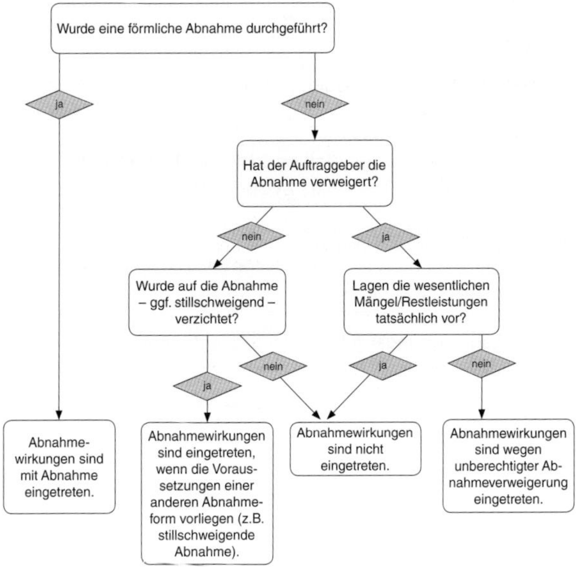

Wann kommt es zu einer stillschweigenden oder fiktiven Abnahme?

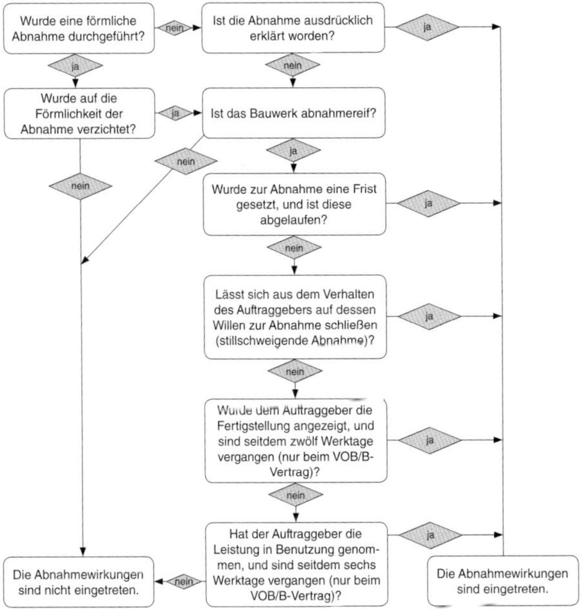

Wann kann der Auftragnehmer eine Teilabnahme verlangen?

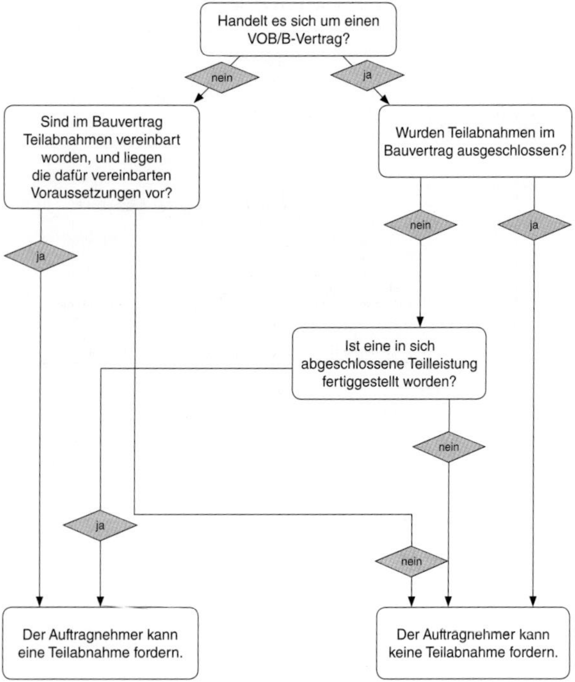

Wann treten die Abnahmewirkungen ein?

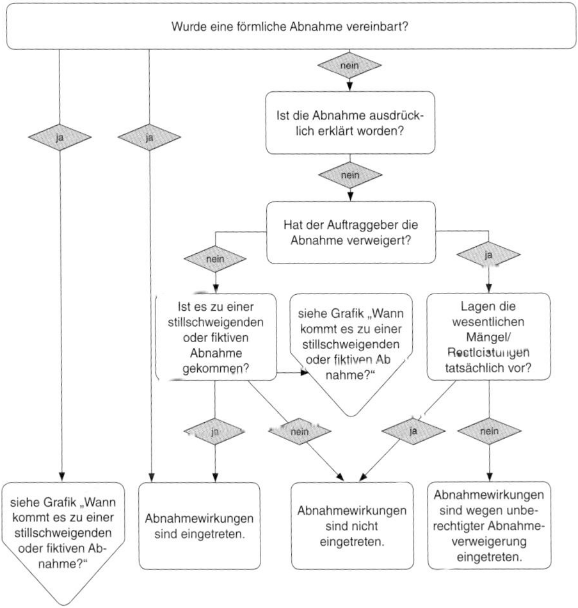

4 Gewährleistung/Mängelhaftung

4/1 Die häufigsten Fehler bei der Gewährleistung/Mängelhaftung

Man könnte meinen, dass der Auftraggeber im Rahmen der Gewährleistung bzw. Mängelhaftung keine wesentlichen Fehler begehen kann. Das ist aber ein Irrtum. Gerade – aber nicht nur – im Falle einer Selbst- bzw. Ersatzvornahme gibt es für den Auftraggeber ganz erhebliche Fallstricke.

1. Keine Selbst- bzw. Ersatzvornahme vor Vertragsbeendigung

Es kommt nicht selten vor, dass Auftraggeber zulasten des Auftragnehmers Mängel beseitigen lassen wollen. Dabei wird aber häufig übersehen, dass der Auftraggeber vor der Abnahme oder Vertragsbeendigung überhaupt kein Recht auf eine Selbstvornahme und keinen Anspruch auf Erstattung von Selbstvornahmekosten hat. Die Selbst- bzw. Ersatzvornahme ist erst nach Vertragsbeendigung (entweder durch Abnahme oder durch Kündigung) vorgesehen. Insbesondere gibt es kein Recht des Auftraggebers auf Erstattung der Selbstvornahmekosten vor der Abnahme.

Das hat zur Folge, dass der Auftraggeber – will er eine Selbstvornahme durchführen – den Bauvertrag zunächst einmal kündigen muss, soweit die Abnahme noch nicht erklärt wurde. Dabei muss der Auftraggeber natürlich die Voraussetzungen der Kündigung aus wichtigem Grund (§ 8 Abs. 3 VOB/B) beachten. Dazu gehört insbesondere die Androhung der Kündigung. Sodann muss die Kündigung auch erklärt werden.

Beachtet der Auftraggeber diese Voraussetzungen nicht, so kann er die Selbstvornahmekosten nicht an den Auftragnehmer durchreichen, sondern muss die Kosten selbst tragen.

2. Der Auftraggeber verzichtet auf eine Beweissicherung

Beabsichtigt der Auftraggeber, einen Mangel zulasten des Auftragnehmers zu beseitigen (sog. Selbst- bzw. Ersatzvornahme), so ist eine Sicherung der Beweise unverzichtbar.

Das ist nach der Abnahme selbstverständlich, denn mit der Abnahme ist die Beweislast für Mängel auf den Auftraggeber übergegangen. Im Streitfall muss also der Auftraggeber beweisen, dass es den von ihm gerügten Mangel tatsächlich ursprünglich (vor der Ersatzvornahme) gegeben hat. Dieser Beweis kann dem Auftraggeber schwerfallen, wenn er vor der Ersatzvornahme keine Beweise gesichert hat, etwa durch Einholung von Gutachten, Messungen oder eine Fotodokumentation.

Das Gleiche gilt im Prinzip aber auch vor der Abnahme, selbst wenn in diesem Vertragsstadium der Auftragnehmer noch die Beweislast für die Mangelfreiheit seiner Leistung trägt. Es lässt sich nämlich nicht ausschließen, dass das Gericht eine abweichende Rechtsauffassung vertritt, etwa weil der Auftraggeber durch die Beseitigung des Mangels dem Auftragnehmer den Beweis der ursprünglichen Mangelfreiheit zumindest erschwert hat. Zudem ist nicht auszuschließen, dass der Auftragnehmer seinerseits rechtzeitig ein Gutachten zur

Beweissicherung beauftragt hat. Dann muss der Auftraggeber dieses Gutachten ggf. durch ein Gegengutachten widerlegen können.

3. Mängelanzeige wird zu pauschal formuliert

Der Auftraggeber muss im Rahmen einer Mängelanzeige zwar grundsätzlich nur das äußere Erscheinungsbild (das sog. Symptom) des Mangels schildern. Dazu genügt etwa die Rüge, dass ein Fenster sich nicht ohne großen Kraftaufwand öffnen ließe.

Ungeachtet dessen muss der Auftraggeber den genauen Ort des Auftretens des Mangels allerdings konkret angeben. Die Rüge, „einige" oder „viele" Fenster ließen sich nur schwer öffnen, genügt nicht. Der Auftraggeber muss konkret angeben, welche konkreten Fenster betroffen sein sollen (z.B. Wohnung 7, Wohnzimmer, linkes Fenster).

Zudem muss der Auftraggeber auch eine zur Mängelbeseitigung angemessene Frist setzen. Angemessen ist dabei ein Zeitraum, den ein Auftragnehmer bei ernstem Bemühen benötigt, um den Mangel zu beseitigen. Das kommt natürlich auf den konkreten Mangel selbst an. Hat der Auftragnehmer seinen Sitz bekanntermaßen nicht direkt am Ort des Bauvorhabens, so dürfte auch noch ein Zuschlag für die Anreise geboten sein.

4. Der Auftraggeber verwechselt Gewährleistung und Garantie

In der Baupraxis müssen die Begriffe Gewährleistung und Garantie unbedingt unterschieden werden. Unter Gewährleistung versteht man regelmäßig die gesetzlichen Ansprüche des Auftraggebers bei Mängeln. Mit einer Garantie übernimmt der Auftragnehmer dagegen eine zusätzliche Haftung, die über das Gesetz hinausgeht. Insbesondere haftet der Auftragnehmer im Falle einer Garantie verschuldensunabhängig auch für Mangelfolgeschäden.

Auftragnehmer wollen im Regelfall eine solche Garantie nicht übernehmen, sondern nur im Rahmen der gesetzlichen Gewährleistungsansprüche haften.

5. Der Auftragnehmer haftet nicht für jeden Planungsmangel

Auftraggeber meinen häufig, der Auftragnehmer hafte auch für Planungsfehler des Architekten, insbesondere wenn keine Bedenken angemeldet wurden.

Das ist in dieser Allgemeinheit nicht richtig. Der Auftragnehmer haftet für Fehler des (vom Auftraggeber beauftragten) Planers im Ergebnis nur dann, wenn der Planungsfehler für ihn erkennbar war. Denn der Auftragnehmer ist von seiner Haftung für einen Planungsfehler nach § 13 Abs. 3 VOB/B befreit, wenn er seiner Pflicht zur Prüfung und Bedenkenanmeldung nachgekommen ist. Insoweit muss der Auftragnehmer zwar zweifelsohne die auftraggeberseitige Planung **prüfen.** Muss die Prüfung aber bei branchenüblichem Fachwissen nicht zu Bedenken führen, dann müssen solche Bedenken natürlich auch nicht angemeldet werden. Das ist insbesondere dann der Fall, wenn der Planungsfehler für den Auftragnehmer auch bei sorgfältiger Prüfung nicht erkennbar war.

Beispiel

Fehler in der Statik; diese müssen insbesondere dem Rohbauunternehmen regelmäßig nicht auffallen. Er haftet also für solche Fehler auch dann nicht, wenn er keine Bedenken angemeldet hat.

6. Die Bedenkenanmeldung des Auftragnehmers wird nicht ernst genommen

Hat der Auftragnehmer Bedenken gegen die Planung oder Vorunternehmerleistungen geäußert, so muss der Auftraggeber diese ernst nehmen.

Ansonsten kann sich das im späteren Verlauf des Bauvorhabens als fatal erweisen, wenn sich nämlich die Bedenkenanmeldung des Auftragnehmers als berechtigt erweist. In diesem Fall hat sich der Auftragnehmer durch die Anmeldung von Bedenken regelmäßig von der Haftung befreit.

Beispiel

Der Auftragnehmer meldet Bedenken gegen die Art und Weise der geplanten Abdichtung an. Er befürchtet, dass die Abdichtung nicht funktionieren wird. Die Bedenken werden ignoriert. Tatsächlich stellt sich heraus, dass die Abdichtung unwirksam ist, es kommt zu erheblichen Wasserschäden. Auch wenn die – nicht funktionierende – Abdichtung im Prinzip einen Mangel darstellt, so haftet der Auftragnehmer hierfür dennoch im Ergebnis nicht. Seine Bedenkenanmeldung hat ihn von der Haftung befreit (§ 13 Abs. 3 i.V.m.§ 4 Abs. 3 VOB/B).

Sieht sich der Auftraggeber bei Eingang einer Bedenkenanmeldung nicht in der Lage, diese technisch zu beurteilen, so muss er sich technisch beraten lassen. Nicht immer stellt es sich dabei als klug heraus, bei Bedenken gegen die Planung auf die Meinung des Planers zu vertrauen. Dieser wird seine eigene Planung regelmäßig nicht objektiv bewerten, sondern die Bedenken des Auftragnehmers herunterspielen.

7. Verschleiß ist kein Mangel

Die Haftung für Verschleißteile ist eine fast alltägliche Streitfrage. Manche Auftraggeber vertreten die Ansicht, die Haftung für Mängel würde auch die Haftung für Verschleiß einschließen. Das ist jedoch nicht richtig. Im Rahmen der Mängelhaftung (Gewährleistung) haftet der Auftragnehmer für **Fehler** seiner Bauleistung. Ein natürlicher Verschleiß ist allerdings kein Fehler des Bauwerks. Nur der übermäßige Verschleiß, der über das übliche Maß hinausgeht, stellt einen Mangel dar.

8. Der Auftraggeber beschreibt im Bauvertrag nicht den Verwendungszweck

Der Auftragnehmer leistet mangelhaft, wenn er nicht die vereinbarte Beschaffenheit liefert, die anerkannten Regeln der Technik nicht einhält oder das Werk nicht für den vertraglich vorausgesetzten Verwendungszweck geeignet ist. Die letztgenannte Alternative verpflichtet den Auftragnehmer letztlich dazu, ein Werk zu erstellen, welches der Auftraggeber tatsächlich für die vertraglich vorausgesetzte Verwendung benutzen kann. Diese Verpflichtung ist in der Praxis deshalb so wichtig, weil sie den Auftraggeber letztlich vor einer falschen oder unzureichenden Planung schützen kann. Relevant wird dies, wenn die vom Auftraggeber geplante Ausführung gar nicht geeignet ist, das Werk vertragsgemäß zu verwenden.

Beispiel

Der Auftraggeber schreibt einen Beton aus, der für die von ihm geplante Nutzung (Befahrung mit schweren Lasten) gar nicht geeignet ist. Ist dem Auftragnehmer die vorgesehene Nutzung nicht bekannt, so wird er nicht verpflichtet sein, ein für die Nutzung geeignetes Werk zu erstellen. Anders dagegen, wenn der Auftragnehmer von der konkreten Nutzung weiß. Dann muss er sicherstellen, dass das von ihm errichtete Werk für die Nutzung auch tatsächlich geeignet ist.

Sprich: Der Auftragnehmer wird bei Kenntnis der späteren Nutzung überprüfen müssen, ob die Planung des Auftraggebers dazu geeignet ist. Ist sie es erkennbar nicht, wird er Bedenken anmelden müssen. So kann der Auftraggeber letztlich sicherstellen, dass er ein für seine Verwendungsabsicht geeignetes Werk erhält.

9. Der Auftraggeber definiert keine besonderen Anforderungen an die Bauleistung

Da der Auftraggeber im Regelfall die von ihm gewünschten Leistungen ausschreibt, bestimmt er auch die Anforderungen an das gewünschte Werk.

Häufig wird übersehen, dass der Auftragnehmer – soweit keine besonderen Anforderungen vereinbart sind – im Wesentlichen nur die vereinbarte Beschaffenheit liefern, die anerkannten Regeln der Technik einhalten und ein verwendungsfähiges Werk erstellen muss.

Möchte der Auftraggeber aber „mehr", so muss er das in der Ausschreibung bzw. in den späteren Vertragsgrundlagen klar definieren.

Das können z.B. besonders hohe Anforderungen an den Schallschutz oder an die Ebenheit sein. Hier muss der Auftragnehmer dazu verpflichtet werden, die nach den anerkannten Regeln der Technik zulässigen Toleranzen nicht oder jedenfalls nicht vollständig auszuschöpfen. So ist es z.B. ohne Weiteres zulässig, dem Auftragnehmer in der Ausschreibung geringere Toleranzwerte zuzugestehen, als dies nach den anerkannten Regeln der Technik eigentlich der Fall wäre.

Praxisrelevant ist zudem die Verpflichtung zur Einhaltung der Herstellervorschriften. Herstellervorschriften sind in aller Regel keine anerkannten Regeln der Technik, und ihre Einhaltung ist deshalb regelmäßig nicht ohne Weiteres geschuldet. Indes kann der Auftraggeber natürlich ein Interesse daran haben, dass die Herstellervorschriften eingehalten werden. In diesem Fall muss der Auftraggeber dies aber in den Ausschreibungsunterlagen/Vertragsgrundlagen ausdrücklich regeln.

10. Teilkündigung: vertragliche Regelung notwendig

Zwar kann der Auftraggeber eine Kündigung nach § 8 Abs. 3 Nr. 1 Satz 2 VOB/B auf einen „Teil der vertraglichen Leistung" beschränken. Das ist z.B. sinnvoll, wenn dem Auftragnehmer nicht der gesamte Auftrag entzogen werden, sondern er bestimmte Bauleistungen weiterhin erbringen soll. Die Rechtsprechung hat allerdings zuletzt die Anforderungen an eine Teilkündigung erhöht. Danach sind Teilkündigungen letztlich nur noch zulässig, wenn dem Auftragnehmer der Auftrag für ein komplettes Gewerk entzogen wird. Die

Mängelbeseitigung an einzelnen Mängeln ist demgegenüber nach der Rechtsprechung nicht mehr einzeln möglich.

Das stellt Auftraggeber häufig vor das Problem, dass sie dem Auftragnehmer bei nicht beseitigten Mängeln letztlich den gesamten Auftrag kündigen müssten, dies aber (z.B. wegen einer aufwendigen Neuvergabe) überhaupt nicht wollen. Dieses Problem lässt sich lösen, indem die Zulässigkeit einer Teilkündigung in den Vertragsbedingungen erweitert wird. Insbesondere ist es zulässig, abweichend von der VOB/B zu vereinbaren, dass auch nicht in sich abgeschlossene Teile der vertraglichen Leistungen (z.B. die Beseitigung von einzelnen Mängeln) gekündigt werden können.

Solche vertraglichen Regelungen sollte der Auftragnehmer unbedingt in seine Vertragsbedingungen aufnehmen.

11. Anspruch auf Mängelbeseitigung vor Abnahme beim BGB-Vertrag?

Beim VOB/B-Vertrag hat der Auftraggeber unzweifelhaft schon vor der Abnahme einen Anspruch auf Beseitigung aufgetretener Mängel. Das ergibt sich aus § 4 Nr. 7 VOB/B.

Ob der Auftraggeber auch bei einem BGB-Vertrag schon vor der Abnahme Mängelrechte geltend machen kann, ist in der Rechtsprechung und im Schrifttum umstritten. Die Tendenz geht eher dahin, dies zu verneinen. Der Auftraggeber muss sich bei einem BGB-Vertrag deshalb bewusst sein, dass er regelmäßig vor der Abnahme keine Mängelbeseitigung verlangen kann. Das schließt naturgemäß auch die Möglichkeit aus, eine Selbstvornahme vor Abnahme durchzuführen. Denn diese würde voraussetzen, dass der Auftragnehmer mit der Mängelbeseitigung in Verzug geraten ist. Das ist aber – wie oben ausgeführt – beim BGB-Vertrag vor der Abnahme grundsätzlich nicht denkbar.

Der Auftraggeber kann das Problem durch eine geschickte Vertragsgestaltung allerdings umgehen. Er kann entweder ein Recht zur Mängelbeseitigung schon vor der Abnahme regeln oder die VOB/B zur Vertragsgrundlage machen.

4/2 Richtiges Verhalten im Streitfall

4/2.1 Augen auf bei der Selbstvornahme

Sachverhalt

Der Auftragnehmer erbringt innerhalb eines VOB/B-Vertrags Bauleistungen in einem Schulgebäude. Noch vor der Abnahme stellt der Auftraggeber erhebliche Mängel fest. Da der Zeitplan eng gesteckt ist – die Schule muss nach Ende der Sommerferien wiedereröffnet werden –, ist für den Auftraggeber die sofortige Beseitigung der Mängel von großer Bedeutung. Dennoch reagiert der Auftragnehmer auf die Aufforderung zur Mängelbeseitigung nicht. Als die Zeit drängt, möchte der Auftraggeber die Mängel selbst beseitigen (sog. Selbstvornahme).

Worauf muss der Auftraggeber achten? Was muss er tun?

Möchte der Auftraggeber die Möglichkeit einer Selbstvornahme (früher: Ersatzvornahme) schaffen, so muss er

- einerseits die Mängel beweiskräftig feststellen bzw. dokumentieren,
- andererseits die formellen Voraussetzungen der Selbstvornahme schaffen (§ 13 Abs. 5 Nr. 2 VOB/B).

Dokumentation des Mangels

Vor der Durchführung einer etwaigen Selbstvornahme ist die Dokumentation des Mangels bzw. der Mängel unumgänglich. Das gilt natürlich, wenn der Mangel vom Auftragnehmer bestritten wird, aber auch, wenn der Auftragnehmer sich zu dem Mangel (wie oben) nicht äußert. Eine Dokumentation ist ausschließlich dann verzichtbar, wenn der Auftragnehmer den Mangel eindeutig und unzweifelhaft bereits vollumfänglich anerkannt und eingeräumt hat und dies auch bewiesen werden kann. Davon ist aber nur in seltenen Ausnahmefällen auszugehen.

Welche Art der Dokumentation notwendig ist, ist eine Frage des Einzelfalls. Lassen sich die Mängel z.B. durch Fotos nachvollziehbar darstellen, dann kann bereits eine Fotodokumentation genügen. Sind dagegen Messungen (z.B. von Materialeigenschaften) notwendig, so sollte ein Sachverständigengutachten eingeholt werden. In aller Regel empfiehlt es sich dabei, einen öffentlich bestellten und vereidigten Sachverständigen zu beauftragen.

Der Auftraggeber sollte sich beim Umfang der Mängeldokumentation unbedingt besondere Mühe geben. Der tatsächliche Zustand der Bauleistung sollte umfassend dokumentiert und Messergebnisse sollten nachvollziehbar protokolliert werden. Bei Ebenheitstoleranzen sollte z.B. klar vermerkt werden, wo welche Abweichungen in welchem Umfang festgestellt wurden. Letztlich muss die Dokumentation so umfassend sein, dass später auch ein Dritter nachvollziehen kann, ob und ggf. in welchem Umfang Mängel vorlagen.

Hinweise für die Praxis

Der Auftragnehmer wird regelmäßig die Kosten der Einholung des Gutachtens zu erstatten haben, wenn er sich mit der Mängelbeseitigung in Verzug befand. Das ist der Fall, wenn dem Auftragnehmer eine angemessene Frist zur Mängelbeseitigung gesetzt wurde und er diese hat verstreichen lassen. Dann befindet sich der Auftragnehmer im Verzug mit der Mängelbeseitigung.

Rechtliche Voraussetzungen der Selbstvornahme

Möchte der Auftraggeber die Kosten der Selbstvornahme später beim Auftragnehmer geltend machen, so muss er auch die Formalien bzw. die rechtlichen Voraussetzungen der Selbstvornahme beachten. Beim VOB/B-Vertrag sind dies vor der Abnahme:

- Aufforderung zur Mängelbeseitigung unter Fristsetzung (§ 4 Abs. 7 VOB/B)
- Nachfristsetzung unter Kündigungsandrohung (§ 4 Abs. 7 VOB/B)
- (Teil-)Kündigung des Vertrags (§ 8 Abs. 3 VOB/B).

Hinweise für die Praxis

- Ist die Abnahme bereits erfolgt, so sind die Voraussetzungen der Abnahme ungleich einfacher. Dann bedarf es nur der Aufforderung zur Mängelbeseitigung unter Fristsetzung. Die weiteren oben genannten Schritte sind dann nicht notwendig.
- Bei BGB-Verträgen gilt das oben geschilderte Prozedere (vor und nach der Abnahme) grundsätzlich analog. Nach herrschender Meinung kann der Auftraggeber die Mängelbeseitigung allerdings nicht vor der Abnahme verlangen. Deshalb darf die Frist zur Mängelbeseitigung nicht vor dem vereinbarten Fertigstellungs- bzw. Abnahmetermin ablaufen.

Zu den Voraussetzungen der Selbstvornahme im Einzelnen:

Aufforderung zur Mängelbeseitigung unter Fristsetzung

Zunächst muss der Auftraggeber den Auftragnehmer zur Mängelbeseitigung auffordern. Dabei muss der Auftraggeber den Mangel nur seinem äußeren Erscheinungsbild nach rügen.

Beispiele

- „Die Lampe in Raum 7 im Erdgeschoss funktioniert nicht."
- „Die Kelleraußenwände sind alle feucht."

Technische Zusammenhänge muss der Auftraggeber weder ermitteln noch dem Auftragnehmer darlegen. In den obigen Beispielsfällen muss der Auftraggeber also weder begründen, warum die Lampe nicht funktioniert, noch, warum die Wände nass sind. Es genügt, wenn er das von ihm wahrgenommene äußere Symptom beschreibt.

Allerdings muss der Auftraggeber den Ort des Auftretens des Mangels so konkret wie möglich beschreiben. Das betroffene Bauteil muss nachvollziehbar mitgeteilt werden. Die Mängelanzeige muss so bestimmt sein, dass der Auftragnehmer erkennen kann, welche konkrete Leistung bemängelt und was von ihm erwartet wird.

Beispiel

- Richtig: „Das Fenster in Raum 3.19 (linke Wand) ist undicht."
- Falsch: „Einige Fenster sind undicht."

Die Mängelrüge sollte der Auftraggeber unbedingt mit einer angemessenen Fristsetzung verbinden. Angemessen ist die Frist, die ein Auftragnehmer unter Anstrengung benötigt, um den Mangel zu beseitigen. Insoweit kommt es naturgemäß auf den Mangel im Einzelfall an. Für das Nachstellen einer Tür kann eine Frist von drei oder vier Tagen angemessen sein, für den Abriss und den Einbau mehrerer Hundert Quadratmeter Estrich naturgemäß nicht.

Den Ablauf der Frist sollte der Auftraggeber unbedingt datumsmäßig bestimmen und nicht nur einen bloßen Zeitraum vorgeben.

Beispiel

- Richtig: „Wir fordern Sie auf, die oben genannten Mängel bis zum 15.12.2016 zu beseitigen."

- Falsch: „Wir fordern Sie auf, die oben genannten Mängel innerhalb von zwei Wochen zu beseitigen."

Nachfristsetzung unter Kündigungsandrohung (§ 4 Abs. 7 VOB/B)

Die VOB/B kennt kein Recht des Auftraggebers auf Durchführung einer Ersatzvornahme vor der Abnahme. Die Selbstvornahme ist nur in § 13 Abs. 5 Nr. 2 VOB/B erwähnt. Diese Vorschrift betrifft das Gewährleistungsstadium und damit die Phase nach Abnahme oder sonstiger Vertragsbeendigung. Das bedeutet: Möchte der Auftraggeber eine Selbstvornahme durchführen, so muss er den Vertrag zunächst beenden.

Die Beendigung des Vertrags durch Kündigung ist allerdings nicht ohne Weiteres möglich, sondern ihrerseits an Voraussetzungen geknüpft. Nach § 4 Abs. 7 VOB/B ist die Kündigung nur möglich, wenn dem Auftragnehmer vor der Kündigung eine Frist zur Beseitigung des Mangels unter Androhung der Auftragsentziehung gesetzt wird.

Hinweise für die Praxis

- Nach teilweise vertretener Auffassung genügt insoweit vor der Kündigung eine einzige Aufforderung zur Mängelbeseitigung unter Androhung der Auftragsentziehung. Das ist indes nicht unzweifelhaft, denn nach § 4 Abs. 7 VOB/B soll die Frist zur Mängelbeseitigung unter Androhung der Auftragsentziehung gesetzt werden, wenn der Auftragnehmer seiner Pflicht zur Beseitigung eines Mangels nicht nachkommt. Es ist aber zweifelhaft, ob ein Auftragnehmer, dem ein Mangel noch nicht angezeigt wurde, überhaupt zur Beseitigung des Mangels verpflichtet ist. Der Auftraggeber sollte hier unbedingt jedwedem Streit aus dem Weg gehen und letztlich die doppelte Fristsetzung wählen.
- Eine Nachfristsetzung kann dann verzichtbar sein, wenn der Auftragnehmer die Mängelbeseitigung bereits endgültig verweigert hat. Dann wäre eine (nochmalige) Fristsetzung bloße Förmelei. An eine solche endgültige Verweigerung sind allerdings hohe Anforderungen zu stellen. Der Auftragnehmer muss dazu – beweisbar – erklärt haben, dass er den Mangel definitiv nicht beseitigen wird. Auch hier gilt: Der Auftraggeber sollte hier kein Risiko eingehen, sondern ebenfalls vorsorglich eine Nachfrist setzen.

Nach Ablauf der ersten Frist (und nicht davor!) sollte sodann durch ein zweites Schreiben eine Nachfrist gesetzt werden. Diese Nachfrist muss unbedingt mit der Androhung verbunden werden, den Auftrag zu entziehen (sog. Kündigungsandrohung).

Dabei ist die Form der Kündigungsandrohung zu beachten. Nach ständiger Rechtsprechung genügt es nicht, dass sich der Auftraggeber die Kündigung nur „vorbehält" oder diese als möglich darstellt. Vielmehr muss dem Auftragnehmer der Ernst der Lage dadurch verdeutlicht werden, dass die Kündigung als Folge weiterer Verweigerung konkret angedroht wird. Es muss also klarwerden, dass die Kündigung nicht nur eine denkbare Folge ist, sondern nach Fristablauf definitiv erfolgen sollte.

Beispiel

- Falsch: „Für den Fall des Fristablaufs behalten wir uns vor, den Vertrag zu kündigen."
- Falsch: „Im Falle des Fristablaufs werden wir die Kündigung in Betracht ziehen."
- Richtig: „Im Falle des Fristablaufs werden wir den Vertrag kündigen."

(Teil-)Kündigung des Vertrags

Nach Ablauf der Nachfrist kann der Auftraggeber den Vertrag sodann kündigen. Will er die Ersatzvornahme durchführen, so muss er den Vertrag vor der Beauftragung eines anderen Unternehmens kündigen.

Dabei gilt es zu beachten, dass die Kündigung möglichst kurzfristig nach Ablauf der Frist erklärt werden sollte. Nach einigen Urteilen verliert der Auftraggeber nämlich das Kündigungsrecht, wenn er nach Ablauf der Nachfrist zu lange (z.B. über zwei Wochen) abwartet. Das Gleiche gilt, wenn der Auftraggeber nach Ablauf der Nachfrist noch

Mängelbeseitigungsleistungen des Auftragnehmers zulässt oder darüber mit dem Auftragnehmer zumindest verhandelt.

Hinweis für die Praxis

Ist nach Ablauf der Nachfrist ein längerer Zeitraum (mehr als zwei Wochen) vergangen oder hat der Auftraggeber Mängelbeseitigungsleistungen zugelassen bzw. verhandelt, so sollte er im eigenen Interesse zunächst von der Kündigung absehen. Es ist dem Auftraggeber aber ohne Weiteres möglich, in diesen Fällen eine weitere Nachfristsetzung unter Kündigungsandrohung zu setzen und den Vertrag dann nach Ablauf dieser (weiteren) Nachfrist – dann aber sofort – zu kündigen.

Der Auftraggeber muss nicht unbedingt das Wort „Kundigung" verwenden. Es muss nur deutlich werden, dass er den Vertrag mit dem Auftragnehmer beenden möchte.

Beispiel

- „Wir kündigen Ihnen hiermit den Vertrag."
- „Wir entziehen Ihnen hiermit den Auftrag."

Der Auftraggeber kann die Kündigung auf einen bestimmten Leistungsteil beschränken. Er ist also nicht dazu verpflichtet, dem Auftragnehmer den gesamten Vertrag zu entziehen. Das kann insbesondere sinnvoll sein, wenn der Auftragnehmer (bis auf den Mangel) gute Arbeiten leistet oder kein anderer Unternehmer die Arbeiten fortsetzen kann.

Nach § 8 Abs. 3 Nr. 1 Satz 2 VOB/B kann der Auftraggeber allerdings nur einen „in sich abgeschlossenen Teil" der Leistung kündigen. Nach der Rechtsprechung des Bundesgerichtshofs muss es sich dabei um einen eigenständigen, funktionell trennbaren Teil der Vertragsleistung handeln. Das ist regelmäßig nur bei einer gewerkeweisen Kündigung der Fall. Jedenfalls aber muss sich die Teilleistung eindeutig räumlich von anderen Leistungen abgrenzen lassen und insoweit eine Selbstständigkeit aufweisen.

Beispiele

- Der Auftragnehmer soll den vor einem Fachmarkt liegenden Parkplatz neu asphaltieren. Zudem soll er die rückwärtige Einfahrt für den Lieferverkehr pflastern. Hier wäre es möglich, bei Mängeln die Parkplatzfläche bzw. die Einfahrt gesondert zu kündigen.
- Dagegen wird es regelmäßig nicht möglich sein, dem Auftragnehmer den Vertrag für die Parkfläche nur teilweise zu entziehen. Denn bei Teilflächen des Parkplatzes handelt es sich nicht um in sich abgeschlossene Teilleistungen.

Hinweise für die Praxis

- Die oben zitierte Rechtsprechung des Bundesgerichtshofs kann den Auftraggeber vor große Probleme stellen. Das gilt etwa, wenn der Auftraggeber darauf angewiesen ist, dass der Auftragnehmer (bis auf die Mangelbeseitigung) seine übrigen Leistungen noch fertigstellt (weil z.B. ein anderer Unternehmer hierfür nicht zur Verfügung steht). Das Gleiche gilt, wenn der Auftraggeber Schnittstellenprobleme vermeiden will, die durch das Tätigwerden verschiedener Auftragnehmer am gleichen Bauvorhaben entstehen.
- Dem kann der Auftraggeber aber durch eine geeignete Vertragsgestaltung entgegenwirken. So kann vertraglich bestimmt werden, dass bei Mängeln entweder eine Teilkündigung überhaupt nicht notwendig ist oder jedenfalls nicht auf in sich abgeschlossene Leistungsteile beschränkt ist. Dann ist es dem Auftraggeber möglich, letztlich auch einzelne Mängelbeseitigungsleistungen zu kündigen.

Die Kündigung muss schriftlich erklärt werden. Der Auftraggeber sollte darauf achten, den Zugang der Kündigung beweisen zu können. In der Praxis hat es sich bewährt, die Kündigung per Einwurf-Einschreiben zu versenden.

Was droht dem Auftraggeber

Unterlässt der Auftraggeber die Mangeldokumentation oder schafft er die rechtlichen Voraussetzungen der Selbstvornahme nicht, so kann er die Mängelbeseitigungskosten nicht bei seinem Auftragnehmer geltend machen. Im Einzelnen:

Unzureichende Dokumentation

Sichert der Auftraggeber vor der Selbstvornahme die Beweise nicht, so kann er ggf. das Vorhandensein des Mangels nicht beweisen. Nach weit verbreiteter Rechtsmeinung ist der Auftraggeber im Falle einer Selbstvornahme vor Abnahme zwar nicht beweisbelastet. Das bedeutet, dass nicht etwa der Auftraggeber den Mangel beweisen muss, sondern vielmehr der Auftragnehmer die Mangelfreiheit seiner Leistung. Diese Ansicht ist indes nicht unumstritten. Zudem beseitigt der Auftraggeber mit der Durchführung der Selbstvornahme letztlich sämtliche Beweismittel. Es ist nicht auszuschließen, dass im Falle eines etwaigen Rechtsstreits der Richter dies zulasten des Auftraggebers berücksichtigt und die Beweislast dem Auftraggeber auferlegt.

Kann der Auftraggeber das Vorhandensein des Mangels dann nicht beweisen, so muss der Auftragnehmer die Kosten der Ersatzvornahme nicht tragen. Der Auftraggeber bleibt dann auf diesen Kosten „sitzen". Den ursprünglich mangelhaft leistenden Auftragnehmer muss er in dieser Situation voll bezahlen.

Der Auftraggeber sollte hier auf keinen Fall irgendein Risiko eingehen und vielmehr die Mängel gerichtsfest dokumentieren.

Rechtliche Voraussetzungen

Hat der Auftraggeber die rechtlichen Voraussetzungen der Ersatzvornahme nicht geschaffen, so hat er schon allein deshalb keinen Erstattungsanspruch durch den Auftragnehmer.

Das ist für den Auftraggeber besonders misslich, weil der Auftragnehmer in solchen Fällen selbst dann nicht haftet, wenn der Mangel (vielleicht sogar unstreitig) vorhanden war. Mit anderen Worten: Macht der Auftraggeber bei der Schaffung der rechtlichen Voraussetzungen einer Selbstvornahme Fehler, so muss er die Selbstvornahmekosten selbst tragen. Er kann die Selbstvornahmekosten nicht beim (mangelhaft leistenden) Auftragnehmer geltend machen. Vielmehr muss er diesen in voller Höhe bezahlen.

Hinweise für die Praxis

Die rechtlichen Voraussetzungen einer Selbstvornahme werden üblicherweise von den Gerichten besonders kritisch beurteilt. Denn scheitert der Anspruch des Auftraggebers an den Formalien, so muss sich das Gericht inhaltlich mit dem Mangel nicht auseinandersetzen.

Wo ist das geregelt?

Aus § 4 Abs. 7 VOB/B ergibt sich, dass der Auftraggeber zunächst zur Mangelbeseitigung unter Fristsetzung auffordern und auch die Kündigung androhen muss.

Das Recht zur (Teil-)Kündigung des Vertrags ergibt sich aus § 8 Abs. 3 VOB/B. Beim BGB-Vertrag wird das Recht zur Kündigung aus § 314 BGB hergeleitet.

In § 13 Abs. 5 Nr. 2 VOB/B und § 637 BGB ist die Selbstvornahme geregelt.

4/2.2 Der Auftragnehmer hat ein Recht auf Mängelbeseitigung

Sachverhalt

Der Auftragnehmer hat die Fassade eines Gebäudes saniert und dabei u.a. neue Rollladenkästen eingebaut und einen neuen Putz aufgebracht. Nach Fertigstellung zeigen sich an der Fassade oberhalb der Rollladenkästen Risse. Der Auftraggeber fordert den Auftragnehmer zur Mängelbeseitigung auf.

Der Auftragnehmer ist zu einer Sanierung bereit. Er möchte die Fassade aber nur punktuell, d.h. im unmittelbaren Bereich der Rissbildung, überarbeiten. Der Auftraggeber dagegen verlangt eine Gesamtsanierung der Fassade, weil ansonsten deren Erscheinungsbild stark beeinträchtigt sei. Die partielle Nachbesserung lehnt er ab.

Der Auftragnehmer verlangt zudem eine Beteiligung des Auftraggebers an den Kosten der Mängelbeseitigung. Er behauptet, dass die Planung des (vom Auftraggeber beauftragten) Architekten ursächlich für die Rissbildung sei. So habe der Architekt nicht darauf geachtet, dass Stöße aus anschlagenden Rollläden sich in den Putz übertragen. Der Auftraggeber weist dies zurück. Er bestreitet den Planungsfehler. Jedenfalls hätte der

Auftragnehmer seiner Meinung nach Bedenken anmelden müssen. Die Kostenbeteiligung lehnt er ausdrücklich ab.

Worauf muss der Auftraggeber achten?

Jeder Auftraggeber muss sich darüber bewusst sein, dass der Auftragnehmer nicht nur die Pflicht zur Mängelbeseitigung hat, sondern auch ein **Recht** darauf. Der Auftragnehmer kann darauf bestehen, dass er einen von ihm verursachten Mangel nachbessern darf. Ihm muss die Möglichkeit gegeben werden, seinen Werklohnanspruch noch in voller Höhe zu verdienen.

Auftragnehmer entscheidet über Art und Weise der Nacherfüllung

Dieses Recht auf Mängelbeseitigung beinhaltet auch die Befugnis, über die Art und Weise selbst zu entscheiden. Insbesondere obliegt es dem Auftragnehmer, ob er den Mangel beseitigen oder ein neues Werk herstellen möchte. Entscheidet sich der Auftragnehmer für die Mängelbeseitigung, so ist es auch seine Sache, wie er den Mangel konkret behebt. Der Auftraggeber hat grundsätzlich kein Recht, dem Auftragnehmer eine bestimmte Art und Weise der Mängelbeseitigung vorzuschreiben.

Hinweise für die Praxis

- Etwas anderes gilt nur dann, wenn es schlichtweg nur einen einzigen Weg gibt, um den Mangel fachgerecht zu beseitigen.
- Dieser Ausnahmefall liegt nur sehr selten vor. Grundsätzlich empfiehlt es sich für den Auftraggeber, sich nicht in die Mängelbeseitigung durch den Auftragnehmer „einzumischen".

Der Auftraggeber muss also einen Mängelbeseitigungsversuch des Auftragnehmers zunächst hinnehmen. Der Auftragnehmer trägt allerdings das damit verbundene Risiko: Scheitert die Mängelbeseitigung, so muss der Auftraggeber hiernach keinen weiteren Mängelbeseitigungsversuch des Auftragnehmers dulden.

Pflicht des Auftraggebers zur Beteiligung an den Mängelbeseitigungskosten?

Im Regelfall muss der Auftragnehmer sämtliche mit der Mängelbeseitigung zusammenhängenden Kosten allein tragen. Das gilt sowohl für vorbereitende als auch nachfolgend notwendige Arbeiten.

Beispiel

Der Auftragnehmer hat ein hinter einer Trockenbauwand verlaufendes Rohr falsch verlegt. Er muss sowohl für die Öffnung als auch für den späteren ordnungsgemäßen Verschluss der Trockenbauwand sorgen.

Allerdings ist der Auftraggeber in besonderen Fällen dazu verpflichtet, sich an den Kosten der Nachbesserung zu beteiligen. Das gilt insbesondere, wenn der Auftraggeber an der Entstehung eines Mangels mitgewirkt hat. Das ist etwa der Fall, wenn im obigen Sachverhalt die Rissbildung tatsächlich auf einen Planungsfehler des Architekten zurückzuführen ist. Den Fehler seines Architekten muss sich der Auftraggeber wie eigenes Verschulden zurechnen lassen. Deshalb muss sich der Auftraggeber bei einem Planungsfehler regelmäßig auch an den Kosten der Mängelbeseitigung beteiligen. Die genaue Höhe der Beteiligungsquote ist eine Frage des Einzelfalls. Regelmäßig ist das Planungsverschulden des Architekten/Auftraggebers höher zu bewerten als das Verschulden des ausführenden Unternehmens.

Hinweis für die Praxis

Wäre der Planungsfehler im Übrigen für den Auftragnehmer nicht erkennbar gewesen – was hier nicht der Fall sein soll –, dann würde eine Haftung des Auftragnehmers ggf. auch vollständig ausscheiden.

Der Auftragnehmer hat nach ständiger Rechtsprechung in solchen Fällen einen Anspruch darauf, dass der Auftraggeber sich noch vor Durchführung der Nachbesserung an deren Kosten beteiligt. Der Auftraggeber muss deshalb entweder einen Vorschuss auf seinen Haftungsteil leisten oder aber jedenfalls eine Sicherheit (z.B. eine Bürgschaft) in entsprechender Höhe stellen.

Verlangt der Auftragnehmer einen solchen Vorschuss bzw. eine solche Sicherheit, so kann er die Nachbesserung bis zur Zahlung/

Stellung verweigern. Der Auftragnehmer muss also dann zunächst Mängel nicht beseitigen.

Was droht dem Auftraggeber?

Bietet der Auftragnehmer die Nachbesserung an und scheitert diese an der Verweigerungshaltung des Auftraggebers, so spricht man vom sog. Annahmeverzug.

Das ist im obigen Sachverhalt insbesondere der Fall, wenn die punktuelle Sanierung der Risse technisch zur Mängelbeseitigung ausreichend ist. Dann nämlich kann der Auftraggeber die Gesamtsanierung der Fassade nicht verlangen.

Das Gleiche gilt, wenn der Auftraggeber – einen Planungsfehler unterstellt – die Kostenbeteiligung verweigert. Dann muss der Auftragnehmer nicht zur Nachbesserung schreiten.

Bei Annahmeverzug kann der Auftragnehmer das Zurückbehaltungsrecht aushebeln

Durch den Annahmeverzug verliert der Auftraggeber zwar sein Recht auf Nachbesserung nicht komplett. Der Auftraggeber kann auch im Falle des Annahmeverzugs zudem ein Zurückbehaltungsrecht geltend machen. Nach ständiger Rechtsprechung bezieht sich dieses Recht allerdings nur auf die einfache Höhe der Beseitigungskosten (nicht auf das Doppelte).

Der Auftraggeber läuft allerdings Gefahr, dieses Zurückbehaltungsrecht bei Annahmeverzug jedenfalls im Ergebnis zu verlieren. Der Auftragnehmer nämlich kann Klage einreichen und dort einerseits auf Zahlung nach Mängelbeseitigung, andererseits auf Feststellung des Annahmeverzugs klagen. Gewinnt der Auftragnehmer das Verfahren, so kann er seinen vollständigen Vergütungsanspruch auch ohne Nachbesserung durchsetzen. Mit anderen Worten: Nach einem entsprechenden Urteil muss der Auftraggeber die volle Vergütung zahlen und kann kein Zurückbehaltungsrecht mehr geltend machen.

Nur zur Klarstellung: Sein Recht auf Nachbesserung verliert der Auftraggeber durch das Urteil nicht komplett. Er muss zwar die Vergütung zahlen, kann aber nichtsdestotrotz weiterhin die Nachbesserung des Mangels verlangen. Dabei kann er natürlich nur diejenige Mängelbeseitigung verlangen, auf die er einen Anspruch hat (im obigen Sachverhalt also die punktuelle Sanierung). Zudem muss der Auftraggeber auch etwaige weitere Hindernisse (hier Leistung des Vorschusses) beseitigen.

Keine Erstattung der Selbstvornahmekosten

Besonders einschneidend sind die rechtlichen Folgen für den Auftraggeber, wenn dieser beim oben dargestellten Sachverhalt zur Selbst- bzw. Ersatzvornahme schreitet.

Beispiel

Beim obigen Sachverhalt setzt der Auftraggeber dem Auftragnehmer eine Frist zur Durchführung der Gesamtsanierung (ohne sich zur Kostenbeteiligung bereit zu erklären). Er setzt sodann eine Nachfrist und droht die Kündigung an. Als auch diese Nachfrist fruchtlos abläuft, kündigt der Auftraggeber den Vertrag. Sodann führt er eine Gesamtsanierung der Fassade durch.

Der Auftraggeber wird die Kosten der Gesamtsanierung schon deshalb nicht an den Auftragnehmer durchstellen können, weil die Gesamtsanierung technisch nicht notwendig war. Er wird aber auch noch nicht einmal die anteiligen Kosten einer punktuellen Sanierung beim Auftragnehmer geltend machen können, weil dies den Verzug des Auftragnehmers mit der Mängelbeseitigung voraussetzen würde. Der Auftragnehmer ist aufgrund der Verweigerungshaltung des Auftraggebers hier aber nicht in Verzug mit der Mängelbeseitigung geraten. Denn einerseits hat der Auftraggeber die nur punktuelle Sanierung untersagt, andererseits hat er seinen Beitrag hinsichtlich der Mängelbeseitigungskosten nicht geleistet. Beide Gründe für sich genommen haben dazu geführt, dass der Auftragnehmer nicht in Verzug mit der Mängelbeseitigung geraten ist.

Wenn aber der Auftragnehmer nicht mit der Mängelbeseitigung in Verzug gerät, so ist auch eine Kündigung des Vertrags aus wichtigem Grund nicht möglich. Mangels Verzugs liegt der wichtige Kündigungsgrund schlichtweg nicht vor. Die Kündigung des Auftraggebers erfolgte also nicht aus wichtigem Grund, sondern wird – nach ständiger Rechtsprechung – in eine sog. freie Kündigung umgedeutet. Im Falle einer freien Kündigung macht sich der Auftragnehmer nicht schadensersatzpflichtig. Der Auftragnehmer muss die Kosten der Ersatzvornahme also nicht tragen. Er erhält vielmehr seine volle Vergütung.

Wie verhält sich der Auftraggeber richtig?

Der Auftraggeber kann den oben geschilderten Nachteilen entgehen, wenn er sich richtig verhält:

- Was die Art und Weise der Sanierung betrifft, so muss der Auftraggeber die vom Auftragnehmer angebotene punktuelle Überarbeitung zunächst einmal hinnehmen. Bestätigt sich die Befürchtung des Auftraggebers, dass die Fassade einer Gesamtsanierung bedarf, so steht dem Auftraggeber dieser Weg nach Scheitern des Mängelbeseitigungsversuchs des Auftragnehmers frei.
- Im Hinblick auf den Planungsfehler muss der Auftraggeber sich im Wege eines Vorschusses an den Mängelbeseitigungskosten beteiligen, jedenfalls aber ein entsprechende Sicherheit (Bürgschaft) stellen.

Wo ist das geregelt?

Das Recht des Auftragnehmers, über die Art und Weise der Nacherfüllung zu bestimmen, ergibt sich aus § 635 Abs. 1 BGB .

Das Recht des Auftragnehmers auf einen Zuschuss bzw. eine Sicherheitsleistung bei Planungsfehlern ist gesetzlich nicht geregelt. Es entspricht aber der ständigen Rechtsprechung insbesondere des Bundesgerichtshofs (vgl. etwa BGH, Urteil vom 13.09.2001, VII ZR 392/00).

4/3 Ablaufdiagramme

Wann haftet der Auftragnehmer für einen Mangel?

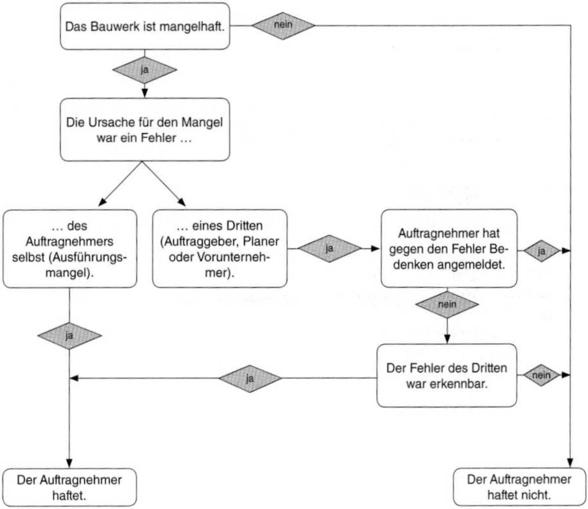

Wann ist das Werk mangelhaft?

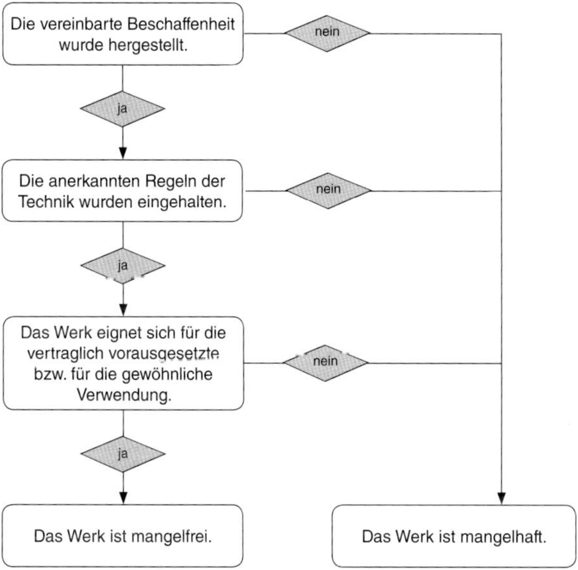

Wer trägt die Beweislast?

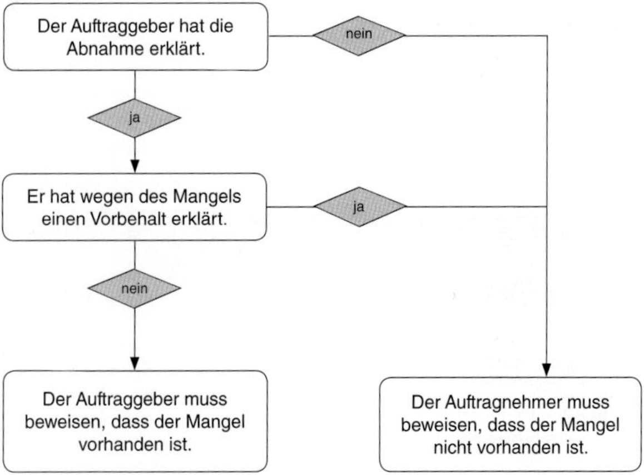

Wann ist der Auftragnehmer durch eine Bedenkenanzeige von der Haftung befreit?

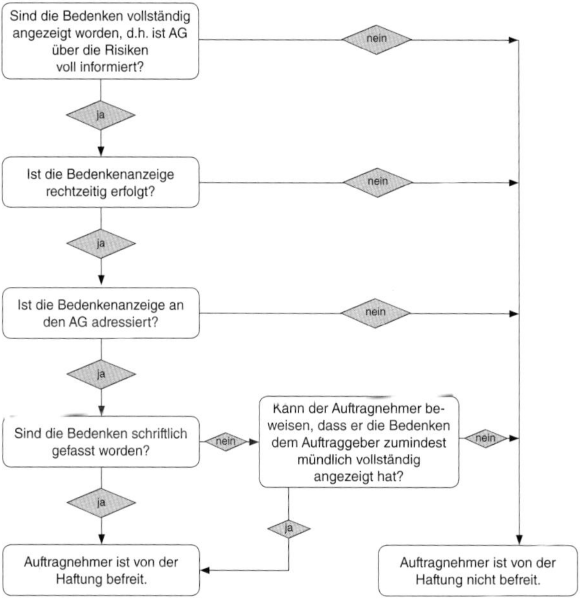

Kann der AG auf Kosten des AN eine Ersatzvornahme durchführen?

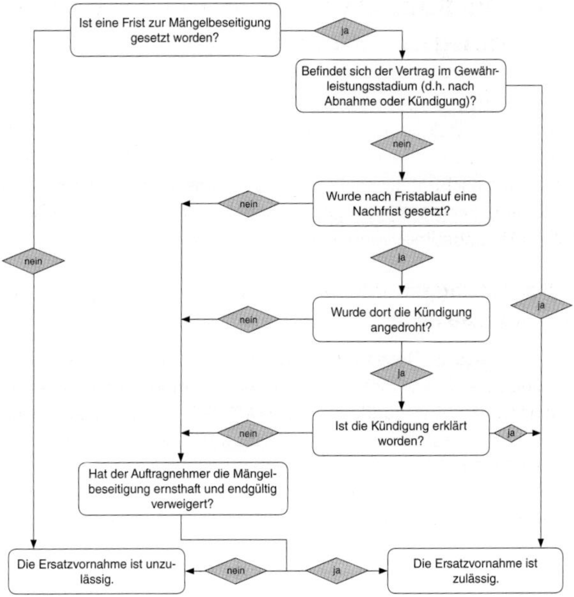

5 Abrechnung und Zahlung

5/1 Die häufigsten Fehler bei Abrechnung und Zahlung

In kaum einem Bereich unterlaufen Auftraggebern und ihren Vertretern derartig viele schwerwiegende Fehler wie bei der Abrechnung und Zahlung von Bauleistungen. Häufig sind solche Fehler verhängnisvoll und nachträglich nicht mehr zu korrigieren (etwa die unterlassene Mitwirkung an einem gemeinsamen Aufmaß). Folgende Fehler sollten Sie unbedingt vermeiden:

1. Der Auftraggeber folgt einer Einladung zum gemeinsamen Aufmaß nicht

Nach § 14 Abs. 2 VOB/B sind die zur Abrechnung notwendigen Feststellungen – also insbesondere Aufmaße - möglichst gemeinsam vorzunehmen. Der Bundesgerichtshof (BGH) vertritt dazu die Ansicht, dass der Auftragnehmer einen **Anspruch** auf ein gemeinsames Aufmaß habe. Deshalb muss der Auftraggeber (bzw. sein bevollmächtigter Architekt/Ingenieur) auf eine Einladung des Auftragnehmers zu einem gemeinsamen Aufmaß unbedingt reagieren.

Tut er dies nicht, so kann der Auftragnehmer ein einseitiges Aufmaß nehmen. Es kommt dann zu einer Beweislastumkehr: Nunmehr muss der Auftraggeber beweisen, dass das vom Auftragnehmer genommene Aufmaß falsch ist. Das stellt deshalb eine entscheidende Schlechterstellung des Auftraggebers dar, weil normalerweise der Auftragnehmer die Richtigkeit seines Aufmaßes beweisen muss.

Höchst problematisch ist diese Beweislastumkehr immer dann, wenn sich die Richtigkeit des Aufmaßes nicht oder nicht ohne erheblichen Aufwand prüfen lässt (z.B. Verlegung von Grundleitungen oder von Kabeln oberhalb einer geschlossenen Zwischendecke).

Das kann im schlimmsten Fall dazu führen, dass der Auftraggeber die Fehlerhaftigkeit des Auftragnehmer-Aufmaßes nicht beweisen kann und im Ergebnis Leistungen bezahlen muss, die tatsächlich gar nicht erbracht wurden.

2. Der Auftraggeber schickt die Schlussrechnung ungeprüft zurück

Häufig schicken Auftraggeber Schlussrechnungen an den Auftragnehmer zurück, weil angeblich die Voraussetzungen der Schlussrechnungslegung noch nicht vorliegen. Dabei meint der Auftraggeber, er könne sich durch bloße Rücksendung der Schlussrechnung der Zahlungspflicht entledigen.

Das ist häufig rechtsirrig. Wird die Schlussrechnung z.B. vor der Abnahme gelegt, so ist dies für sich genommen kein Grund, die Schlussrechnung zurückzusenden. Der Auftragnehmer darf Schlussrechnung legen, sobald er seine Leistungen fertiggestellt hat. Er muss nicht darauf warten, dass die fertiggestellten Leistungen auch abgenommen werden. Richtig ist zwar, dass die Schlussrechnung erst mit Abnahme **fällig** wird; das ändert aber nichts daran, dass er die Rechnung schon vor der Abnahme legen kann und die Prüffrist für die Schlussrechnung schon mit Rechnungszugang zu laufen beginnt.

Deshalb muss der Auftraggeber eine vor Abnahme zugegangene Schlussrechnung auch bereits prüfen. Er muss sie zwar nicht vor Abnahme zahlen. Prüfen muss er sie aber dennoch. Tut er dies nicht, so kann dies zu zwei nicht unerheblichen Nachteilen führen:

- Zum einen verliert der Auftraggeber nach Ablauf der Prüffrist den Einwand der mangelnden Prüfbarkeit (§ 16 Abs. 3 Nr. 1 S. 3 VOB/B).
- Zudem gerät der Auftraggeber nach Ablauf der Prüffrist nach der VOB/B 2012 automatisch in Zahlungsverzug (§ 16 Abs. 5 Nr. 3 S. 3 VOB/B). Er muss insoweit Verzugszinsen und auch einen etwaigen Verzugsschaden des Auftragnehmers (z.B. Rechtsanwaltskosten) zahlen.

3. Der Auftraggeber rügt die mangelnde Prüfbarkeit der Schlussrechnung erst nach Ablauf der Prüffrist

Ist der Auftraggeber der Ansicht, dass die Schlussrechnung des Auftragnehmers nicht prüfbar ist, so muss er sich darauf innerhalb der Prüffrist berufen (§ 16 Abs. 3 Nr. 1 S. 3 VOB/B).

Erhebt er den Einwand nicht innerhalb der Prüfbarkeit, so kann er sich später nicht darauf berufen.

Beispiel

Es ist eine Prüffrist von 30 Tagen vereinbart. Erst nach sechs Wochen rügt der Auftraggeber, dass die Schlussrechnung ohne Aufmaß vorgelegt worden sei. Darauf kommt es nach Ablauf der Prüffrist nicht mehr an. Der Auftraggeber muss dann letztlich ohne Aufmaß prüfen, ob die abgerechneten Mengen tatsächlich erbracht wurden. Das wird ihn vor erhebliche Probleme stellen.

4. Der Auftraggeber beachtet die verkürzten Zahlungsfristen der VOB/B 2012 nicht

Noch immer hat sich in Auftraggeberkreisen nicht endgültig herumgesprochen, dass die VOB/B 2012 neue Prüf- und Zahlungsfristen für die Schlussrechnung vorsieht. Die Frist beläuft sich nunmehr regelmäßig nur auf 30 Tage. Es besteht zwar die Möglichkeit der Verlängerung auf insgesamt 60 Tage (§ 16 Abs. 3 Nr. 1 S. 1 u. 2 VOB/B). Die Verlängerung ist allerdings abhängig von der Zustimmung des Auftragnehmers.

Bittet der Auftraggeber spät (z.B. erst nach Rechnungseingang) um die Verlängerung der Prüffrist, so wird der Auftragnehmer dieser häufig nicht zustimmen. Der Auftraggeber sollte sich darauf bereits rechtzeitig einstellen und bereits in den Ausschreibungsunterlagen eine Verlängerung auf 60 Tage vorsehen. Dem Auftragnehmer bleibt dann letztlich keine Wahl, wenn er den Auftrag haben möchte.

5. Entscheidend für die Rechtzeitigkeit der Zahlung ist der Zahlungseingang beim Auftragnehmer

Es hat sich bis heute noch nicht herumgesprochen, dass es bereits im Jahre 2008 zu einer wesentlichen Änderung der Rechtslage im Hinblick auf Zahlungsfristen gekommen ist. Nach früherer Rechtsprechung des Bundesgerichtshofes galt: Nahm der Auftraggeber die Zahlung spätestens am letzten Tag der Zahlungsfrist vor, so war sie noch rechtzeitig. Es genügte also insbesondere, am letzten Tag der Skontofrist den Überweisungsträger zur Bank zu reichen oder online eine Zahlung anzuweisen.

Der Europäische Gerichtshof (EuGH) hat jedoch schon im Jahre 2008 entschieden, dass diese Rechtsprechung des BGH nicht mit (höherrangigem) Europäischen Recht vereinbar ist. Mittlerweile enthält auch die VOB/B in § 16 Abs. 5 Nr. 3 S. 3 VOB/B eine entsprechende Klarstellung. Danach gilt:

Die Zahlung ist nur dann rechtzeitig erfolgt, wenn die Zahlung spätestens am letzten Tag der Frist beim Auftragnehmer **eingeht.**

Das hat insbesondere erhebliche Folgen für Skontoabzüge. Diese werden nur gerechtfertigt sein, wenn die Zahlung tatsächlich innerhalb der Skontofrist beim Auftragnehmer eingeht. Zahlt der Auftraggeber zu spät, verliert er komplett seine Skontoberechtigung.

6. Der Auftraggeber unterscheidet nicht zwischen Prüfbarkeit und inhaltlicher Richtigkeit einer Rechnung

Es kommt immer wieder vor, dass Auftraggeber (bzw. deren Bevollmächtigte) Rechnungen als nicht prüfbar zurückschicken, weil sie diese nicht prüfen können.

Dabei ist allerdings zu beachten: Die Rechnung ist nur dann nicht prüfbar, wenn die fehlende Prüfbarkeit auf eine nicht nachvollziehbare Abrechnung zurückgeht. Dagegen betreffen tatsächliche Schwierigkeiten bei der Rechnungsprüfung nicht die Prüfbarkeit. Dazu folgendes

Beispiel

Der Auftragnehmer soll Abrissarbeiten erbringen. Er hat durch Benennung konkreter Achsen und konkreter Maße dargelegt, wo er welche Bauteile abgerissen haben will. Der Auftraggeber meint, die Rechnung nicht prüfen zu können, da er nicht wisse, ob die Bauteile in der abgerechneten Menge ursprünglich tatsächlich vorhanden waren.

Hier erhebt der Auftraggeber nicht den Einwand der mangelnden Prüfbarkeit, sondern stellt allenfalls die Richtigkeit der Rechnung in Zweifel. Die Prüfbarkeit wäre nur dann betroffen, wenn der Auftraggeber der Rechnung nicht hätte entnehmen können, welche Arbeiten der Auftragnehmer erbracht haben will bzw. abrechnet (z.B. Er gibt keinerlei Achsen o.Ä. an). Darum geht es hier aber nicht, sondern darum, ob die Bauteile ursprünglich überhaupt vorhanden waren. Das ist eine Frage der inhaltlichen Richtigkeit der Rechnung.

Das bedeutet: Zur Prüfbarkeit einer Rechnung genügt es, wenn der Auftragnehmer nachvollziehbar darlegt, welche Leistungen er erbracht haben will. Ob die Leistungen dann tatsächlich erbracht wurden, ist eine Frage der inhaltlichen Richtigkeit.

Die Unterscheidung zwischen Prüfbarkeit und inhaltlicher Richtigkeit einer Rechnung spielt insbesondere in Bezug auf die Prüffrist eine Rolle: Wie bereits weiter oben dargelegt, muss der Auftraggeber sich grundsätzlich innerhalb der Prüffrist für die Schlussrechnung auf eine etwaig fehlende Prüfbarkeit berufen. Die Behauptung, die Rechnung sei inhaltlich falsch, ist dagegen an keine Frist gebunden.

7. Mit Schlussrechnungsreife entfallen Abschlagsforderungen

Nach ständiger Rechtsprechung kann der Auftragnehmer im Moment der sog. Schlussrechnungsreife keine Abschlagszahlungen mehr verlangen. Das bedeutet:

Sobald der Auftragnehmer seine Leistungen fertiggestellt hat, muss er die Schlussrechnung legen. Ab diesem Zeitpunkt (spätestens aber mit Abnahme) kann der Auftragnehmer keine Abschlagszahlungen mehr fordern. Er kann nur noch die Zahlung auf die Schlussrechnung (die sog. Schlusszahlung) verlangen.

Das bedeutet auch, dass etwaige im Moment der Fertigstellung noch offene Abschlagsrechnungen nicht mehr bezahlt werden müssen. Vielmehr muss der Auftragnehmer quasi auf die Schlussrechnung umstellen und den noch nicht gezahlten Werklohn dort abrechnen. Dementsprechend kann der Auftragnehmer mit Schlussrechnungsreife auch keine Zinsen für eine zu diesem Zeitpunkt noch nicht beglichene Abschlagsrechnung verlangen. Zinsen können allenfalls für die Vergangenheit geltend gemacht werden.

Beispiel

Der Auftraggeber ist mit der Zahlung einer Abschlagsrechnung am 01.10.2015 in Verzug geraten. Am 01.11.2015 erfolgt die Fertigstellung und Abnahme der Bauleistungen des Auftragnehmers. Für die offene Abschlagsrechnung kann der Auftragnehmer zwar Zinsen für den Zeitraum vom 01. bis 30.10.2015 fordern. Nicht jedoch für den Zeitraum hiernach, denn mit der sodann eingetretenen Schlussrechnungsreife endete das Recht auf Zahlung von Abschlagsrechnungen.

Weitere Zahlungen kann der Auftragnehmer erst nach Legung der Schlussrechnung und Ablauf der diesbezüglichen Zahlungsfrist verlangen.

8. Das Recht auf eine Bauhandwerkersicherheit ist ein äußerst scharfes Schwert

Der Bauunternehmer kann (außer von der öffentlichen Hand und privaten Häuslebauern) grundsätzlich eine Sicherheit für seine Vergütungsansprüche verlangen (§ 648a BGB). Eine entsprechende Forderung sollte der Auftraggeber niemals unterschätzen. Stellt er nämlich die Sicherheit nicht, so kann der Auftragnehmer die Sicherheit einklagen, die Arbeiten einstellen bzw. den Vertrag kündigen.

Nicht zuletzt die drohende Vertragskündigung ist für den Auftraggeber regelmäßig höchst gefährlich. Dies aus folgenden Gründen: Erfolgt die Kündigung in der Bauphase, so muss der Auftraggeber natürlich die bereits erbrachten Leistungen bezahlen. Aber auch für die (kündigungsbedingt) nicht erbrachten Leistungen schuldet er jedenfalls einen ganz erheblichen Teil der Vergütung. Der Auftragnehmer kann nämlich grundsätzlich die volle vereinbarte Vergütung in Rechnung stellen und muss sich nur ersparte Aufwendungen und Füllaufträge anrechnen lassen.

Aber selbst nach Vornahme der entsprechenden Abzüge steht dem Auftragnehmer dann regelmäßig noch ein Vergütungsanteil im Bereich von etwa 1/3 bis sogar 2/3 der ursprünglich vereinbarten Vergütung zu. Das kann also im Extremfall dazu führen, dass der Auftraggeber für eine tatsächlich nicht erbrachte Bauleistung dennoch die Vergütung zu guten Teilen bezahlen muss.

Deshalb muss auf die Aufforderungen einer Sicherheit gemäß § 648a BGB unbedingt reagiert werden. Entweder wird die Sicherheit gestellt oder der Auftraggeber sollte sich jedenfalls in Gespräche oder Verhandlungen mit dem Auftragnehmer begeben. Gegebenenfalls lässt sich der Auftragnehmer von seinem Sicherheitsverlangen abbringen, wenn man ihm an anderer Stelle entgegenkommt.

9. Sicherheiten für den Auftraggeber müssen vereinbart werden

Viele Auftraggeber nehmen an, dass allein durch Abschluss eines Bauvertrags oder allein durch Einbeziehung der VOB/B in den Bauvertrag bereits das Recht auf eine Sicherheit für die Vertragserfüllung oder die Gewährleistung bestehe. Das ist jedoch falsch.

Ein automatisches (gesetzliches) Recht auf eine Sicherheitsleistung steht nur dem Verbraucher zu (§ 632a Abs. 3 BGB). Dagegen haben alle anderen Auftraggeber (insbesondere die öffentliche Hand und privatwirtschaftliche Auftraggeber) kein automatisches/gesetzliches Recht auf eine Sicherheit, weder bezüglich der Vertragserfüllung noch der Gewährleistung.

Ein Vertragserfüllungs- oder Gewährleistungseinbehalt ist bei solchen Auftraggebern nur dann möglich, wenn dieser im Bauvertrag ausdrücklich vereinbart wurde. Daran ändert auch die VOB/B nichts. Diese nämlich statuiert nicht selbst eine Pflicht zur Sicherheitsleistung, sondern enthält nur Regelungen für den Fall, dass eine Sicherheitsleistung vereinbart wurde. Das ergibt sich eindeutig aus dem Wortlaut des § 17 Abs. 1 Nr. 1 VOB/B: „Wenn Sicherheitsleistung vereinbart ist, gelten ..."

Hinweis für die Praxis

- Der Auftraggeber sollte die Pflicht zur Einzahlung des Sicherheitseinbehalts auf ein Sperrkonto ausschließen. Anderenfalls läuft er Gefahr, den Sicherheitseinbehalt zu verlieren, wenn der Auftragnehmer fruchtlos eine Frist zur Einzahlung des Sicherheitseinbehalts auf ein Sperrkonto setzt (vgl. § 17 Abs. 6 Nr. 3 VOB/B).
- Zudem sollte unbedingt auch der Rückgabezeitpunkt für die Sicherheit geregelt werden. Das ist insbesondere im Hinblick auf § 17 Abs. 8 Nr. 2 VOB/B wichtig. Wenn nämlich nichts anderes im Bauvertrag vereinbart wird, dann muss der Auftraggeber die Gewährleistungssicherheit bei einem VOB/B-Vertrag bereits nach zwei Jahren zurückgeben.
- Das gilt auch dann, wenn eine viel längere Gewährleistungsfrist (z.B. vier oder fünf Jahre) vereinbart wurde. Der Auftraggeber läuft also Gefahr, auch bei einer vier- oder fünfjährigen Gewährleistungsfrist die Gewährleistungssicherheit schon nach zwei Jahren zurückgeben zu müssen. Das sollte er unbedingt in seinem eigenen Interesse im Bauvertrag anderslautend regeln. Es sollte dort klargestellt werden, dass die Gewährleistungssicherheit für die Dauer der Gewährleistungsfrist zu stellen ist.

10. Die Schlusszahlungserklärung hat kaum noch praktische Bedeutung

Die VOB/B sieht in § 16 Abs. 3 Nr. 2 bis Nr. 6 die Möglichkeit einer sog.

Schlusszahlungserklärung vor. Danach muss der Auftragnehmer einer von ihm nicht akzeptierten abschließenden Zahlung widersprechen, ansonsten verliert er weitergehende Ansprüche.

Beispiel

Der Auftragnehmer hat eine Schlussrechnung in Höhe von 30.000 € gelegt. Der Auftraggeber hat diese auf einen Betrag in Höhe von 20.000 € gekürzt: Er gibt eine ordnungsgemäße Schlusszahlungserklärung ab und kündigt an, als letzte Zahlung 20.000 € anzuweisen, mehr aber nicht. Erklärt nun der Auftragnehmer nicht fristgemäß dagegen einen Vorbehalt (bzw. begründet ihn nicht fristgemäß), dann sind Nachforderungen ausgeschlossen. Der Auftragnehmer kann dann keine über 20.000 € hinausgehende Zahlung mehr fordern. Dies gilt selbst dann, wenn seine Rechnung ursprünglich tatsächlich in voller Höhe berechtigt gewesen wäre. Allein durch den Fristablauf sind weitere Forderungen (Im Beispiel immerhin 10.000 €) ausgeschlossen.

Der BGH hat die Schlusszahlungserklärung indes in der Praxis deutlich entwertet. Er ist der Ansicht, dass sich der Auftraggeber nur noch dann auf eine Schlusszahlungserklärung stützen kann, wenn er ansonsten im Bauvertrag die VOB **ohne jede Änderung** vereinbart hat. Voraussetzung für den Ausschluss von Nachforderungen sei es also, dass die VOB „als Ganzes" vereinbart wurde.

Die VOB/B wird heute nur noch in sehr seltenen Ausnahmefällen „als Ganzes" und damit völlig unverändert vereinbart. Es ist mittlerweile – auch bei Aufträgen der öffentlichen Hand – üblich, dass der Auftraggeber zusätzliche Vertragsbedingungen stellt, in denen

Abweichungen von der VOB/B enthalten sind. Denkbar sind hier insbesondere Schriftformklauseln für Nachträge oder Stundenlohnleistungen. Viele Auftraggeber schließen im Rahmen der Vereinbarung eines Sicherheitseinbehalts auch die Pflicht zur Einzahlung auf ein Sperrkonto aus. Auch die Frist für die Rückgabe der Gewährleistungssicherheit (§ 17 Abs. 8 Nr. 2 VOB/B) wird häufig von zwei auf vier oder gar fünf Jahre verlängert. Nach weit verbreiteter Ansicht soll auch die Verlängerung der Gewährleistungsfrist auf fünf Jahre eine Abweichung von der VOB/B darstellen.

5/2 Richtiges Verhalten im Streitfall

5/2.1 Sicherheiten: Vorsicht bei Sicherungsverlangen des Auftragnehmers

Sachverhalt

Auf der Baustelle kommt es zwischen Auftraggeber und Auftragnehmer zum Streit. Der Auftraggeber behält wegen der aus seiner Sicht bestehenden Mängel Teile der Vergütung des Auftragnehmers ein. Geforderte Nachträge weist er als unberechtigt zurück. Der Auftragnehmer verlangt daraufhin eine Bauhandwerkersicherheit gemäß § 648a BGB und setzt eine entsprechende Frist. Er verlangt Sicherheit für folgende Vergütungsansprüche:

- *Die Auftragssumme liegt bei 100.000 €. Hiervon hat der Auftragnehmer 20.000 € erhalten.*
- *Daneben macht er 25.000 € für Nachträge wegen geänderter bzw. zusätzlicher Leistungen geltend.*
- *Für etwaige Nebenforderungen verlangt er weitere 10 %.*

Die geforderte Sicherheit beläuft sich folglich auf 115.500 €.

Der Auftraggeber ist folgender Ansicht:

- *Das Recht auf Sicherheitsleistung sei vertraglich ausgeschlossen worden.*
- *Die Nachträge seien unberechtigt, da er weder Leistungsänderungen, noch zusätzliche Leistungen angeordnet habe.*

- *Es lägen zudem Mängel vor, die zu Mängelbeseitigungskosten in Höhe von 15.000 € führen.*
- *Darüber hinaus macht der Auftraggeber eine Gegenforderung in Höhe von 10.000 € geltend, weil der Auftragnehmer angeblich bei seinen Arbeiten einen Wasserschaden verursacht haben soll. Der Auftragnehmer bestreitet seine Verantwortung für den Wasserschaden.*

Insgesamt sei die Forderung nach einer Sicherheit also unberechtigt, jedenfalls überhöht.

Worauf muss der Auftraggeber achten? Was muss der Auftraggeber wissen?

Jeder Unternehmer eines Bauwerks hat einen Anspruch auf Sicherheitsleistung gemäß § 648a BGB. Er kann verlangen, dass ihm der Auftraggeber für seinen zukünftigen Vergütungsanspruch eine Sicherheit stellt. Diese soll ihn vor einer etwaigen Insolvenz des Auftraggebers schützen. Es kommt nicht darauf an, ob der Auftragnehmer die Arbeiten schon erbracht hat oder ob sie mangelfrei sind. Die Sicherheit soll (auch) zukünftige Vergütungsansprüche absichern.

Das Recht auf eine solche Sicherheitsleistung lässt sich vertraglich nicht ausschließen.

Sicherheit kann in Höhe der vereinbarten und noch nicht gezahlten Vergütung verlangt werden. Das gilt auch für die Vergütung von Zusatzaufträgen. Für etwaige Nebenforderungen (Zinsen, etwaige Anwaltskosten) können weitere 10 % hinzugesetzt werden.

Gegenforderungen sind nur dann relevant, wenn sie unstreitig oder gerichtlich festgestellt wurden.

Das bedeutet für den obigen Fall:

Grundsätzlicher Anspruch

Selbst wenn das Recht auf die Sicherheitsleistung vertraglich ausgeschlossen worden wäre, hätte dies rechtlich keine Bedeutung. Ein solcher Ausschluss wäre schlicht unwirksam. Der Auftragnehmer kann daher grundsätzlich eine Sicherheit verlangen.

Klar ist, dass der Auftragnehmer eine Sicherheit in Höhe der vereinbarten Auftragssumme (abzüglich erhaltener Zahlungen) verlangen kann. Ihm steht daher mindestens eine Sicherheit in Höhe von 80.000 € (100.000 € – 20.000 €) zu.

Auch der Zuschlag von 10 % für Nebenforderungen ergibt sich bereits aus dem Gesetz und ist also berechtigt.

Fraglich ist allerdings, welchen Einfluss etwaige Gegenforderungen des Auftraggebers (Mängelbeseitigungskosten, Wasserschaden) auf das Sicherungsverlangen haben und wie mit streitigen Vergütungsansprüchen (Nachträge) umzugehen ist.

Mängel, Wasserschaden

Auf die angeblich vorhandenen Mängel kommt es bei der Frage der Sicherheitsleistung schlichtweg nicht an. Selbst wenn die Mängel tatsächlich vorliegen würden, könnte der Auftragnehmer dennoch Sicherheit verlangen.

Ebenso wenig kann der Auftraggeber die Sicherheit um 10.000 € wegen des (angeblichen) Wasserschadens kürzen. Nach § 648a Abs. 1 S. 4 BGB bleiben bei der Berechnung der Sicherheitshöhe etwaige Gegenforderungen außer Betracht. Etwas anderes gilt nur, wenn die Gegenforderungen rechtskräftig festgestellt oder unstreitig sind. Das ist hier hinsichtlich des Wasserschadens nicht der Fall.

Streitige Vergütungsansprüche

Die Vergütungsansprüche bezüglich der Nachträge sind streitig. Kann der Auftragnehmer dennoch eine Sicherheit verlangen? Wenn ja, unter welchen Voraussetzungen?

Wegweisendes BGH-Urteil

Der BGH hat diese Frage nunmehr in einem wegweisenden Urteil entschieden. Im dortigen Fall stritten die Parteien nach einer Kündigung über die Höhe der dem Auftragnehmer zustehenden Vergütung. Streitig war insbesondere, in welchem Umfang der Auftragnehmer bis zur Kündigung Leistungen erbracht hatte. Im Streit stand also eine sog. „Tatsachenfrage", nämlich der tatsächliche Umfang der Leistungserbringung.

Der BGH sah ausdrücklich davon ab, diese Streitfrage im Rahmen des Prozesses auf Sicherheitsleistung zu klären. Vielmehr war das Gericht der Ansicht, dass es in diesem Prozess genüge, dass der Auftragnehmer seine Ansprüche zumindest **schlüssig vortrage**. Das bedeutet, dass der Auftragnehmer seine Vergütungsansprüche vor Gericht nicht endgültig beweisen müsse, etwa durch Einholung eines Sachverständigengutachtens oder Zeugenaussagen. Es genüge vielmehr, wenn er vor Gericht die Voraussetzungen des Vergütungsanspruchs einseitig darlege. Konkret genügte es dem BGH, dass der Auftragnehmer im dortigen Fall die behaupteten Mengen prüfbar abgerechnet und vor Gericht seine Rechnung vorgelegt hatte. Der BGH sah es nicht als notwendig an, tatsächlich im Prozess auf Stellung der Sicherheit durch einen Sachverständigen zu klären, ob die abgerechneten Mengen tatsächlich erbracht wurden.

Auftraggeber mögen die Rechtsprechung des Bundesgerichtshofs als zu auftragnehmerfreundlich ansehen. Dabei darf aber nicht vernachlässigt werden, dass es hier zunächst nur um die Stellung einer Sicherheit geht. Am Ende des Prozesses wird der Auftraggeber allenfalls dazu verurteilt, eine Sicherheit gemäß § 648a zu stellen. Diese Sicherheit (regelmäßig eine Bürgschaft) kann der Auftragnehmer dann nicht ohne Weiteres in Anspruch nehmen. Vielmehr muss der Bürge nur zahlen, wenn entweder der Auftraggeber den Vergütungsanspruch anerkannt hat oder wenn dieser gerichtlich festgestellt wurde. Ob die Nachträge letztlich tatsächlich berechtigt waren, wird später im Rahmen eines weiteren Prozesses endgültig geklärt. Im Rahmen des Verfahrens auf Stellung einer Sicherheit gemäß § 648a BGB erfolgt letztendlich keine Klärung, sondern in gewisser Weise eine vorläufige Entscheidung.

Nichtsdestotrotz übt auch eine Entscheidung wegen Sicherheitsstellung erheblichen Druck auf den Auftraggeber aus. Dieser muss – wenn er den Prozess verloren hat – eine Sicherheit in der ausgeurteilten Höhe stellen. Seine Bank oder Versicherung wird zu einer Sicherheitsleistung nur gegen eigene Besicherung bereit sein. Der Auftraggeber muss also nach dem Urteil zumindest einen gewissen Betrag seiner Bank/Versicherung als Sicherheit stellen. Das wiederum könnte ihn veranlassen, entweder mit dem Auftragnehmer eine gütliche Einigung zu suchen oder jedenfalls den Prozess auf Zahlung des Werklohns möglichst zügig durchzuführen.

Die Entscheidung des Bundesgerichtshofs erscheint deshalb letztlich richtig. Es würde dem Sinn und Zweck des § 648a BGB widersprechen, wenn der Auftragnehmer sich wegen der Sicherheit auf einen jahrelangen Prozess mit seinem Auftraggeber einlassen müsste. Denn in dieser Zeit trägt der Auftragnehmer wiederum das Insolvenzrisiko des Auftraggebers. Gerade das soll durch die Regelung des § 648a BGB aber verhindert werden.

Konsequenz des Urteils

Das bedeutet für den hiesigen Fall: Hinsichtlich der Nachträge muss der Auftragnehmer zumindest darlegen, dass es die (streitigen) Anordnungen der Nachtragsleistungen tatsächlich gegeben hat und dass diese zu geänderten bzw. zusätzlichen Leistungen geführt haben. Das Gericht klärt im Rahmen des Prozesses nach § 648a BGB nicht, ob es die Anordnungen der Nachtragsleistungen tatsächlich gegeben hat. Beides wird – soweit schlüssig vorgetragen – quasi als wahr unterstellt.

Was droht dem Auftraggeber?

Stellt der Auftraggeber die Sicherheit gemäß § 648a BGB nicht, so kann der Auftragnehmer

- ein Leistungsverweigerungsrecht ausüben,
- den Vertrag kündigen bzw.
- die Sicherheit einklagen.

Zurückbehaltungsrecht

Macht der Auftragnehmer ein Zurückbehaltungsrecht geltend, so kann er die Bauarbeiten einstellen. Er ist nicht dazu verpflichtet, ohne die Sicherheit weiterzuarbeiten. Das ist für den Auftraggeber aus mehreren Gründen höchst nachteilig:

So kann der Auftraggeber den Auftragnehmer nicht in Verzug setzen. Der Auftragnehmer muss schlichtweg nicht arbeiten. Dementsprechend kann der Auftraggeber den Bauvertrag mit dem Auftragnehmer auch nicht wegen Verzugs (d.h. aus wichtigem Grund) kündigen.

Beauftragt der Auftraggeber ein anderes Unternehmern, so dürfte dies im Verhältnis zum Auftragnehmer als freie Kündigung auszulegen sein. Nach § 8 Abs. 1 VOB/B i.V.m. § 649 S. 2 BGB muss der Auftraggeber dem Auftragnehmer in diesem Fall die volle vereinbarte Vergütung abzüglich ersparter Aufwendungen und Füllaufträge zahlen. Er kann zudem die etwaigen Mehrkosten der Fertigstellung durch das Drittunternehmen nicht beim Auftragnehmer geltend machen. Das hat für den Auftraggeber schwerwiegende finanzielle Nachteile (dazu noch sogleich im Detail).

Schließlich muss der Auftraggeber dem Auftragnehmer etwaige Stillstandskosten für die Dauer der Arbeitsniederlegung ersetzen. Denn in der Nichtstellung der Sicherheit liegt eine bauseitige Behinderung im Sinne des § 6 Abs. 6 VOB/B bzw. § 645 BGB.

Kündigung

Statt der Leistungsverweigerung kann der Auftragnehmer auch die Kündigung des Bauvertrags erklären. Die Kündigungsfolgen sind mit denen bei einer freien Kündigung identisch: Der Auftraggeber muss die volle vereinbarte Vergütung zahlen. Der Auftragnehmer muss sich nur ersparte Aufwendungen und etwaige Füllaufträge anrechnen lassen.

Dabei kann der Auftragnehmer regelmäßig auf Basis seiner Kalkulation abrechnen. Das gilt insbesondere im Hinblick auf die ersparten Aufwendungen. Etwas anderes gilt nur dann, wenn sich konkrete Anhaltspunkte dafür ergeben, dass die Kosten sich auf der Baustelle abweichend von der Kalkulation entwickelt hätten.

Die Abrechnung auf Basis der Kalkulation soll folgendes Beispiel verdeutlichen:

Beispiel

Im Ausgangsfall hat der Auftragnehmer seine Kalkulation in folgende Ansätze untergliedert:

Materialkosten	40.000 €
Lohnkosten	40.000 €
Baustellengemeinkosten	10.000 €
Allgemeine Geschäftskosten	5.000 €
Gewinn	5.000 €
Gesamt	100.000 €

Der Auftragnehmer kann grundsätzlich die volle vereinbarte Vergütung fordern. Er muss sich aber ersparte Aufwendungen und anderweitigen Erwerb abziehen lassen:

- Soweit der Auftragnehmer die Arbeiten wegen der Kündigung tatsächlich nicht mehr ausführt, wird er die Materialkosten regelmäßig erspart haben. Etwas anderes gilt nur dann, wenn er Materialien bereits erworben hat und diese nicht an den Baustoffhändler zurückgeben kann.
- Die Lohnkosten erspart der Auftragnehmer infolge der Kündigung regelmäßig nicht. Denn er muss seine Mitarbeiter grundsätzlich weiter bezahlen, unabhängig davon, ob er sie auf der (gekündigten) Baustelle einsetzen kann.
- In Betracht kommt allerdings ein anderweitiger Erwerb, wenn der Auftragnehmer seine Mitarbeiter wegen der Kündigung auf anderen Baustellen einsetzen konnte. Hier ist allerdings zu beachten: Nicht jeder Einsatz eines Mitarbeiters auf einer anderen Baustelle gilt als anderweitiger Erwerb. Insbesondere liegt kein anderweitiger Erwerb vor, wenn der Auftragnehmer seine Mitarbeiter nur auf anderen Baustellen einsetzt, die er zu gleicher Zeit ohnehin ausführen wollte. Nur dort, wo der Auftragnehmer infolge der Kündigung einen neuen Auftrag überhaupt nur annehmen konnte oder einen Auftrag früher ausführen konnte, ist anderweitiger Erwerb denkbar.
- Behauptet der Auftragnehmer, dass es keinen anderweitigen Erwerb gab, so obliegt die Darlegungs- und Beweislast für das Gegenteil dem Auftraggeber. Diesem wird es regelmäßig nicht möglich sein, den anderweitigen Erwerb darzulegen und zu beweisen. Dazu hat der Auftraggeber zu wenige Kenntnisse über die

Auftragslage des Auftragnehmers. Im Ergebnis wird sich der Auftragnehmer die Lohnkosten nicht abziehen lassen.

- Hinsichtlich der Baustellengemeinkosten sind ersparte Aufwendungen durchaus denkbar. Können ein Mietkran oder Mietgeräte früher an den Vermieter zurückgegeben werden als geplant, so dürfte regelmäßig zumindest eine anteilige Gutschrift erfolgen. In dieser Höhe hat der Auftragnehmer tatsächlich Aufwendungen erspart.
- Allgemeine Geschäftskosten erspart der Auftragnehmer durch die Kündigung nicht. Denn hier geht es um baustellenunabhängige Kosten, etwa die Miete für Büroflächen oder Gehälter für Verwaltungspersonal. Diese Kosten entstehen dem Auftragnehmer unabhängig von der Kündigung des Bauvertrags.
- Das Gleiche gilt für den Gewinn. Auch hier erspart der Auftragnehmer nichts.

Die Abrechnung könnte deshalb im vorliegenden Fall wie folgt lauten:

Gesamt	100.000 €
Abzug Materialkosten (ersparte Aufwendungen)	40.000 €
Abzug Lohnkosten (kein anderweitiger Erwerb)	0,00 €
Abzug Baustellengemeinkosten (ersparte Aufwendungen)	10.000 €
Abzug Allgemeine Geschäftskosten (nicht erspart)	0,00 €
Abzug Gewinn (nicht erspart)	0,00 €
Rest	50.000 €

Das Beispiel zeigt, dass dem Auftragnehmer nach einer Kündigung gemäß § 648a BGB regelmäßig noch ein erheblicher Teil der vereinbarten Vergütung zusteht, auch und gerade für die von ihm tatsächlich kündigungsbedingt nicht mehr ausgeführten Leistungen.

Daneben kann der Auftragnehmer natürlich die Zahlung der tatsächlich ausgeführten Leistungen verlangen.

Klage auf Sicherheitsleistung

Schließlich kann der Auftragnehmer die Sicherheit gemäß § 648a BGB auch einklagen. Das ist insbesondere sinnvoll, wenn der Auftragnehmer seine Arbeiten bereits im Wesentlichen fertiggestellt hat und insoweit die Arbeitseinstellung oder die Kündigung des Vertrags keine wesentliche Bedeutung mehr haben.

Klagt der Auftragnehmer die Sicherheit ein, so kommt es nach den obigen Ausführungen allein darauf an, ob er seinen Vergütungsanspruch schlüssig darlegen kann. Ist das der Fall, so wird er den Prozess auf Sicherheitsleistung vergleichsweise schnell gewinnen. Auf Gegenforderungen oder Tatsachenfragen kommt es aus den oben genannten Gründen nicht an.

Das bedeutet: Der Auftragnehmer wird mit der Klage in aller Regel Erfolg haben, und zwar innerhalb kürzester Zeit. Denn die Klärung zeitraubender Tatsachenfragen erfolgt in diesem Verfahren nicht. Wird der Auftraggeber zur Sicherheitsleistung verurteilt, so gerät er regelmäßig finanziell unter Druck. Wie bereits weiter oben dargelegt, muss er nun seiner Bank oder einer Versicherung seinerseits Sicherheit leisten, um das Urteil erfüllen zu können.

Fazit

Stellt der Auftraggeber die Sicherheit gemäß § 648a BGB nicht, so hat dies für ihn ganz erhebliche Nachteile. Er muss nicht nur mit der Arbeitseinstellung, sondern auch mit der Kündigung und der klageweisen Geltendmachung der Sicherheit rechnen.

Hinweis für die Praxis

Aus den vorgenannten Gründen sollte die Anforderung einer Sicherheit durch den Auftragnehmer niemals unbeantwortet bleiben. Möchte der Auftraggeber die ungünstigen Folgen der unterlassenen Sicherheitsstellung vermeiden, so sollte er die Sicherheit stellen oder mit dem Auftragnehmer unbedingt Verhandlungen aufnehmen.

Wo ist das geregelt?

Das Recht des Auftragnehmers auf Stellung einer Sicherheit ergibt sich aus § 648a BGB.

Nach § 648a Abs. 1 kann der Auftragnehmer Sicherheit für die vereinbarte und noch nicht gezahlte Vergütung und auch für Nachträge verlangen. Nach der gleichen Regelung darf er für Nebenforderungen weitere 10 % ansetzen.

Gegenforderungen bleiben nach § 648a Abs. 1 S. 4 VOB/B außer Betracht.

§ 648a Abs. 7 BGB regelt, dass von der gesetzten Regelung nicht abgewichen werden darf, insbesondere der Anspruch nicht ausgeschlossen werden kann. Nach § 648a Abs. 1 und 5 BGB kann der Auftragnehmer im Fall der Nichtstellung der Sicherheit ein Zurückbehaltungsrecht geltend machen, den Vertrag kündigen und/ oder die Sicherheit einklagen.

Die Abrechnung nach Kündigung des Vertrags ergibt sich aus § 648a Abs. 5 Satz 2 BGB.

Das wegweisende BGH-Urteil zur Schlüssigkeit des Klagevorbringens wurde am 06.03.2014 unter dem Aktenzeichen VII ZR 349/12 erlassen.

5/2.2 Abrechnung: Anspruch des Auftragnehmers auf gemeinsames Aufmaß

Sachverhalt

Der Auftragnehmer ist mit der Verlegung von Kabeln bei der Errichtung eines Einkaufszentrums mit 150 Shops beauftragt worden. Allein von einem Kabeltyp soll er dabei rund 75 km Kabel verlegen. Es ist die Abrechnung nach Aufmaß vereinbart. Die Mengen werden sich nach Fertigstellung des Bauvorhabens nur sehr schwer prüfen lassen, weil die Kabel durch die geplanten Zwischendecken verdeckt werden.

Nachdem der Auftragnehmer einige Teilbereiche (Shops) fertiggestellt hat, fordert er diesbezüglich ein gemeinsames Aufmaß. Zu diesem Zeitpunkt sind die Zwischendecken noch nicht hergestellt und die verlegten Kabel sichtbar. Der Auftraggeber bzw. sein Fachingenieur möchte den Aufmaßtermin nicht wahrnehmen. Er sei derzeit mit der Überwachung der Ausführung mehr als ausgelastet. Zudem sei es für ihn nicht sinnvoll, das Aufmaß nur für Teilbereiche zu erstellen bzw. zu prüfen. Der Auftragnehmer solle zunächst einmal das gesamte Aufmaß vorlegen.

Worauf muss der Auftraggeber achten? Was muss er tun?

Bei einem Abrechnungsauftrag muss der Auftragnehmer prüfbar abrechnen und dazu ein Aufmaß vorlegen. Im Streitfall muss er die Richtigkeit seines Aufmaßes beweisen. Gelingt ihm der Beweis nicht, so erhält er keine Vergütung.

Anspruch auf gemeinsames Aufmaß

Nach § 14 Abs. 2 VOB/B ist das Aufmaß gemeinsam zu nehmen. Der Bundesgerichtshof (BGH) geht davon aus, dass der Auftragnehmer einen **Anspruch auf ein gemeinsames Aufmaß** hat. Der Auftragnehmer kann also verlangen, dass die Feststellungen vor Ort gemeinsam genommen werden.

Es gibt keinen Grundsatz, dass diese Feststellungen erst nach Fertigstellung sämtlicher Leistungen getroffen werden können oder müssen. Ganz im Gegenteil heißt es in § 14 Abs. 2 VOB/B, dass die „Feststellungen dem Fortgang der Leistung entsprechend vorzunehmen" sind. Der Auftragnehmer kann ein gemeinsames Aufmaß also auch in der Bauphase und letztlich immer dann fordern, wenn er eine Leistung ausgeführt hat.

Der Auftraggeber kann sich den gemeinsamen Feststellungen nicht mit dem Hinweis entziehen, dass sein Personal derzeitig ausgelastet sei. Es ist Sache des Auftraggebers, ausreichend Personal vorzuhalten, um ein gemeinsames Aufmaß zu ermöglichen.

Wirkung eines gemeinsamen Aufmaßes

Wird ein gemeinsames Aufmaß durchgeführt, so ist das Ergebnis grundsätzlich für beide Seiten bindend. Teilweise wird vertreten, dass sich beide Parteien nachträglich von diesem gemeinsamen Aufmaß nicht mehr lösen können. Jedenfalls aber kommt es zu einer Beweislastumkehr. Danach muss der Auftraggeber im Fall von nachträglichen Kürzungen am gemeinsamen Aufmaß beweisen, dass das Aufmaß falsch war. Nach einigen Urteilen muss der Auftraggeber in diesem Fall allerdings auch darlegen können, warum ihm der Fehler des gemeinsamen Aufmaßes erst nachträglich aufgefallen ist.

Was droht dem Auftraggeber?

Kommt der Auftraggeber einer Einladung zu einem gemeinsamen Aufmaß nicht nach, so kann der Auftragnehmer allein ein Aufmaß nehmen. Es kommt dann zu einer **Beweislastumkehr**: Bestreitet der Auftraggeber dieses einseitige Aufmaß (nimmt er daran also Kürzungen vor), so trägt er die Beweislast. Er muss also beweisen, dass die vom Auftragnehmer aufgemessenen Leistungen tatsächlich nicht erbracht wurden. Die damit verbundenen Nachteile sind nicht zu unterschätzen:

Diese Beweislastverteilung wird immer dann relevant, wenn sich die Ausführung der Leistungen vor Ort nicht oder nicht ohne großen Aufwand prüfen lässt. Das ist im obigen Ausgangsfall mit an Sicherheit grenzender Wahrscheinlichkeit der Fall. Streiten die Parteien über das Aufmaß, so wird ein Gericht zur Klärung der erbrachten Mengen letztlich einen Sachverständigen beauftragen wollen. Es ist schon höchst zweifelhaft, ob ein Sachverständiger tatsächlich mit einigermaßen vertretbarem Aufwand in der Lage ist, die am

Bauvorhaben verlegten Kabelmengen vor Ort zu prüfen. Dagegen spricht schon die schiere Menge. Zudem wird der Eigentümer des Einkaufszentrums (bzw. die einzelnen Shop-Besitzer) kaum an der Prüfung des Aufmaßes mitwirken wollen. Denn für den Inhaber bedeutet die Prüfung des Aufmaßes nur Nachteile, insbesondere die Beeinträchtigung seines Geschäftsbetriebs. Er wird es kaum dulden, dass in seinen Räumlichkeiten die Zwischendecken ganz oder teilweise zurückgebaut werden, um das Aufmaß prüfen zu können. Ob den Inhaber eine entsprechende Mitwirkungspflicht trifft, ist sehr zweifelhaft. Jedenfalls wird der Inhaber einer entsprechenden Pflicht kaum freiwillig nachkommen. Folge wäre ein zweiter Prozess.

De facto wird es deshalb dem Auftraggeber letztlich kaum möglich sein zu beweisen, dass die vom Auftragnehmer abgerechneten Mengen falsch sind. Der Auftraggeber wird voraussichtlich den Prozess vollständig verlieren. Im besten Fall wird er einen für ihn sehr ungünstigen Vergleich abschließen müssen.

Hinweis für die Praxis

Als Auftraggeber sollten Sie die Aufforderung des Auftragnehmers zu einem gemeinsamen Aufmaß niemals ignorieren. Ist Ihnen der vom Auftragnehmer vorgeschlagene Termin nicht möglich, so sollten Sie im eigenen Interesse einen kurzfristigen Alternativtermin vorschlagen. Dabei sollten Sie unbedingt darauf achten, dass auch zu diesem Termin die Überprüfung der Leistungen des Auftragnehmers noch möglich ist. Ansonsten riskieren Sie die für den Auftraggeber sehr ungünstige Beweislastumkehr.

Wo ist das geregelt?

Der Anspruch des Auftragnehmers auf ein gemeinsames Aufmaß ergibt sich aus § 14 Abs. 2 S. 1 VOB/B. Die Beweislastumkehr bei unterlassener Mitwirkung ist gesetzlich nicht geregelt, ergibt sich aber beispielsweise aus dem Urteil des Bundesgerichtshofs vom 22.05.2003 (AZ: VII ZR 143/02).

5/3 Ablaufdiagramme

Prüfbarkeit einer Einheitspreisrechnung

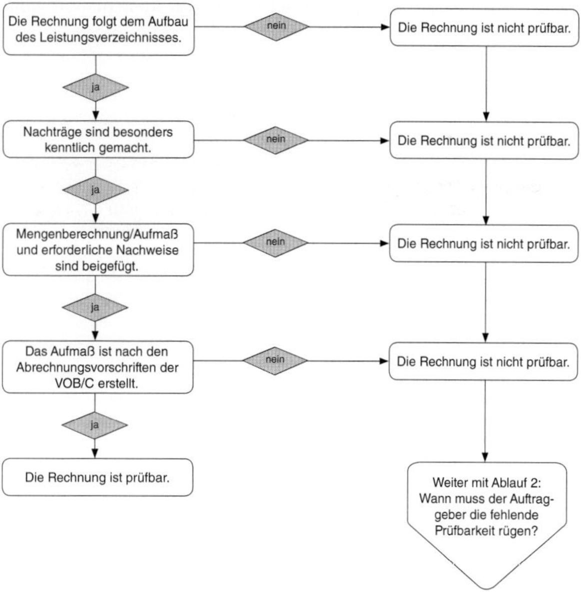

Rüge der fehlenden Prüfbarkeit

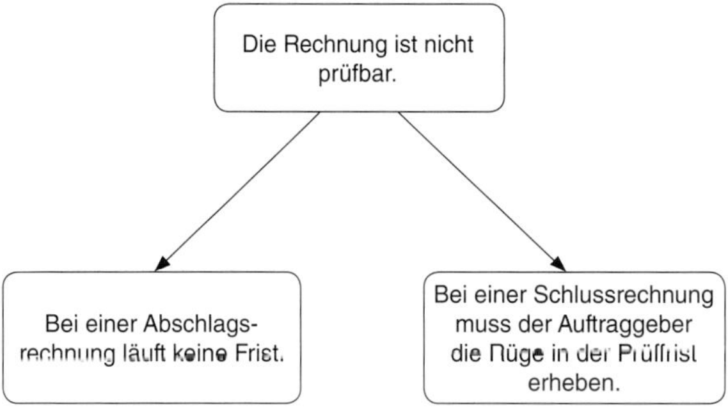

Wann kann der AN eine Rechnung legen?

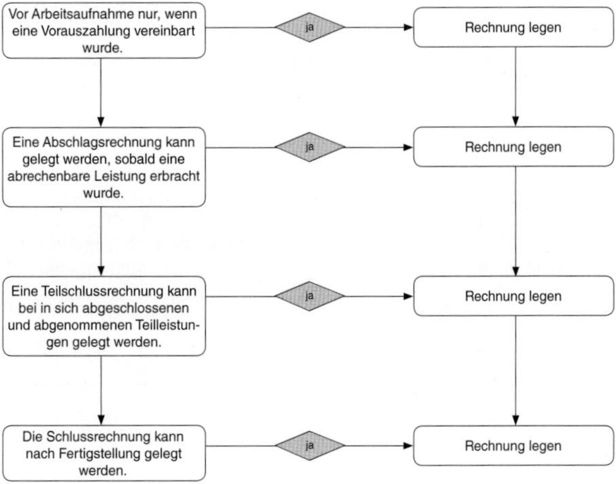

Wann kann der Auftraggeber die Abrechnung erstellen?

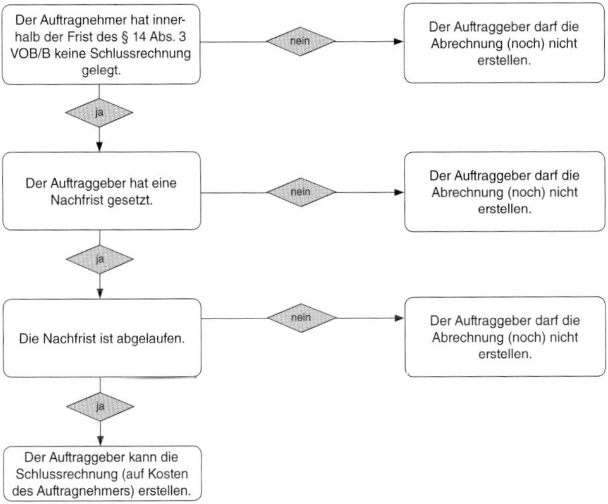

Wann schnappt die Schlusszahlungsfalle zu?

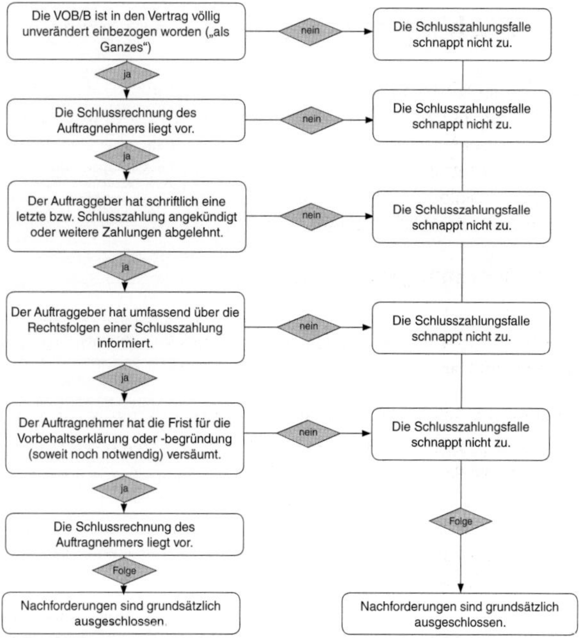

6 Nachträge

6/1 Die häufigsten Fehler bei Nachträgen

Man könnte meinen, dass der Auftraggeber im Hinblick auf Nachträge keine wesentlichen Fehler machen könne. Da es um Vergütungsansprüche des Auftragnehmers gehe, liege das Risiko der Durchsetzung von Nachträgen allein bei diesem. Dabei handelt es sich um einen Irrtum. Folgende Irrtümer führen auch für Auftraggeber in der Praxis immer wieder zu Problemen:

1. Eine Anordnung ist kein Auftrag

Vielen Auftraggebern ist der Unterschied zwischen einer Anordnung (§ 1 Abs. 3 und 4 VOB/B, § 4 Abs. 1 Nr. 3 Satz 1 VOB/B) und einem Auftrag nicht klar.

- **Auftrag:** Erteilt der Auftraggeber dem Auftragnehmer auf Basis eines Angebots einen Auftrag, dann kommt damit ein Vertrag zustande. Die Parteien einigen sich darauf, dass der Auftragnehmer eine Bauleistung zu einem bestimmten oder bestimmbaren Preis ausführen soll. Bei dem Auftrag geht es also um beiderseitige Erklärungen der Vertragsparteien, in deren Ergebnis ein (vergütungspflichtiger) Vertrag geschlossen wird.
- **Anordnung:** Dabei handelt es sich um eine einseitige Erklärung des Auftraggebers. Der Auftraggeber ordnet z.B. an, dass eine ganz bestimmte Bauleistung ausgeführt werden soll. Über die Vergütung dieser Leistung ist mit der Anordnung allein noch nichts gesagt.

Ein Auftragsverhältnis kommt also nur zustande, wenn sich Auftraggeber und Auftragnehmer einigen. Ohne Zustimmung des Auftragnehmers kann der Auftraggeber keinen Auftrag erteilen.

Bei der Anordnung ist dies anders. Hier handelt es sich um ein einseitiges Recht des Auftraggebers. Der Auftraggeber kann – wenn er ein Anordnungsrecht hat – so einseitig die Ausführung von Leistungen erzwingen. Welche Anordnungsrechte der Auftraggeber beim VOB/B-Vertrag hat, ergibt sich aus den §§ 1 Abs. 3, 1 Abs. 4 und 4 Abs. 1 Nr. 3 Satz 1 VOB/B. Danach kann der Auftraggeber insbesondere Leistungsänderungen und technisch notwendige Zusatzleistungen einseitig anordnen.

Der Auftraggeber muss sich also bewusst darüber sein, dass er bei einem VOB/B-Vertrag Leistungen einseitig anordnen und so erzwingen kann.

2. Der Auftraggeber meint, er müsse nur beauftragte Leistungen bezahlen

Eine der Besonderheiten eines VOB/B-Vertrags besteht darin, dass der Auftragnehmer auch Leistungen ausführen muss, die zwar nicht vereinbart, aber vom Auftraggeber angeordnet wurden. Der Auftraggeber kann also Leistungen einseitig anordnen. Der Auftragnehmer ist verpflichtet, die Bauleistungen (nach Maßgabe der §§ 1 Abs. 3 und 4 VOB/B, § 4 Abs. 1 Nr. 3 Satz 1 VOB/B) auszuführen.

Wenn aber der Auftraggeber eine Leistung **einseitig** anordnen kann, dann muss dem Auftragnehmer gezwungenermaßen das Recht zustehen, dafür eine Vergütung zu verlangen. Dieses Recht ist in § 2

Abs. 5 und 6 VOB/B für den Auftragnehmer verbrieft. Es besteht also ein Automatismus: Ordnet der Auftraggeber eine Änderungsleistung oder eine zusätzliche Leistung an, dann muss er sie auch vergüten.

Dagegen hängt ein Vergütungsanspruch des Auftragnehmers bei einem VOB/B-Vertrag **nicht** davon ab, dass auch ein Vertrag über die Nachtragsleistung zustande kommt. Insbesondere bedarf es keines „Auftrags" des Auftraggebers. Eine bloße Anordnung genügt.

3. Der Auftraggeber meint, bei einem Pauschalvertrag kämen keine Nachträge in Betracht

Auftraggeber vertreten häufig die Ansicht, bei einem Pauschalvertrag könne der Auftragnehmer entweder gar keine Nachträge geltend machen oder nur in sehr beschränktem Umfang. Das ist nicht richtig.

Grundsätzlich gilt: Ordnet der Auftraggeber eine Leistung an, die entweder im Vertrag anders oder gar nicht vorgesehen war, dann steht dem Auftragnehmer bei Mehrkosten ein Vergütungsanspruch zu (§ 2 Abs. 5 und 6 VOB/B). Das gilt sowohl beim Detail- als auch beim Global-Pauschalpreisvertrag (§ 2 Abs. 7 Nr. 2 VOB/B).

Bei einem **Detail-Pauschalpreisvertrag** ist die vom Auftragnehmer geschuldete Bauleistung detailliert festgelegt (regelmäßig in Form eines Leistungsverzeichnisses). Verlangt der Auftraggeber dann eine demgegenüber geänderte Ausführung, so unterfällt diese natürlich nicht der Pauschalvergütung. Der Auftragnehmer kann einen Nachtrag geltend machen (§ 2 Abs. 5 VOB/B). Fordert der Auftraggeber eine Leistung, die bisher nicht Gegenstand des Vertrags war (zusätzliche Leistung), so ist natürlich auch dies nachtragsfähig (§ 2 Abs. 6 VOB/B).

Für den **Global-Pauschalpreisvertrag** gilt nichts anderes. Zwar wird hier das Bausoll nicht detailliert, sondern funktional (global) beschrieben. Damit schuldet der Auftragnehmer aber nur solche Leistungen, die zur Erreichung der globalen/funktionalen Vorgabe notwendig sind. Schuldet der Auftragnehmer z.B. die schlüsselfertige Errichtung eines Einfamilienhauses, so wird er beispielsweise auch Türen schulden. Sind diesbezüglich keine besonderen Anforderungen vereinbart, so genügen Türen mittlerer Art und Güte. Das können auch Kunststofftüren sein. Diese bilden also das geschuldete Bausoll. Wünscht der Auftraggeber nun Holztüren, so handelt es sich um eine geänderte Leistung, die gemäß § 2 Abs. 5 VOB/B gesondert zu vergüten ist.

Was bei einem Global-Pauschalpreisvertrag geschuldetes Bausoll ist, ist im Einzelfall durch Auslegung zu ermitteln. Dabei müssen insbesondere die dem Auftragnehmer zur Kalkulation übergebenen Unterlagen berücksichtigt werden.

Beispiel

Der Auftragnehmer soll eine Lüftungsanlage für ein Bistro errichten. Es handelt sich um einen Global-Pauschalpreisvertrag, eine detaillierte Planung des Auftraggebers existiert nicht. Im Vertrag heißt es, die Anlage sei „je nach Erfordernis" zu bauen. Zum Zeitpunkt der Auftragserteilung ist (in einem dem Auftragnehmer übergebenen Grundriss) vorgesehen, das Bistro mit getrennten Küchen- und Gasträumen zu betreiben. Nach Vertragsabschluss ändert der Auftragnehmer sein Nutzungskonzept. Er plant nunmehr eine Showküche mitten im Gastraum. Die Lüftungsanlage muss deshalb neu konzipiert werden. Der Auftraggeber meint, ein Nachtrag käme nicht in Betracht, da auch die neue Lüftungsanlage der Formulierung „je nach Erfordernis" unterfalle.

Der Auftraggeber verkennt aber: Auch bei einem Global-Pauschalpreisvertrag darf der Auftragnehmer seine Leistungen natürlich auf Basis der Angaben des Auftraggebers bei Vertragsabschluss kalkulieren. Ändert der Auftraggeber seine Planung – oder fordert er zusätzliche Leistungen –, so kommt ein Nachtrag in Betracht.

4. Der Auftraggeber duldet, dass der Architekt Nachtragsleistungen anordnet

Ein Architekt oder Fachingenieur hat regelmäßig keine Vollmacht, für den Auftraggeber Nachtragsleistungen anzuordnen oder zu beauftragen, soweit dies zu Mehrkosten führt. Die Vollmacht des Architekten endet am Portemonnaie des Auftraggebers. Sollte also eine Anordnung des Architekten zu höheren Vergütungsansprüchen des Auftragnehmers führen, so erfolgt die Anordnung grundsätzlich vollmachtslos. Der Auftraggeber ist an die Anordnung nicht gebunden. Er muss die Nachtragsleistung grundsätzlich nicht vergüten.

Dieser Grundsatz ist zwar richtig, wird von Auftraggebern gelegentlich aber überstrapaziert. Das gilt insbesondere dann, wenn der Auftraggeber den Architekten auf der Baustelle gewähren lässt. Das ist der Fall, wenn der Auftraggeber weiß oder jedenfalls ernsthaft damit rechnet, dass der Architekt auf der Baustelle Nachtragsleistungen anordnet und nicht einschreitet. Das kann sich z.B. aus

Baubesprechungsprotokollen ergeben, von denen der Auftraggeber eine Durchschrift erhält.

Hier muss der Auftraggeber einschreiten, wenn er nicht bereit ist, die vom Architekten angeordneten Leistungen zu vergüten. Ansonsten kann nämlich beim Auftragnehmer völlig zu Recht der Eindruck entstehen, der Auftraggeber dulde das Verhalten seines Architekten. Das kann dazu führen, dass der Architekt letztendlich doch als bevollmächtigt gilt, nämlich nach den Grundsätzen der Anscheins- bzw. Duldungsvollmacht. Im Ergebnis muss dann der Auftraggeber Nachtragsleistungen bezahlen, die er an sich gar nicht wünschte.

5. Der Architekt behauptet, er sei auch im Hinblick auf Nachträge bevollmächtigt

Als Architekt (oder Fachingenieur) sollten Sie – ohne interne Klärung mit dem Auftraggeber – niemals gegenüber Auftragnehmern behaupten, Sie seien zur Beauftragung von Nachtragsleistungen bevollmächtigt. Bestreitet nämlich der Auftraggeber nachträglich die Vollmacht, so kommt Ihre direkte Haftung gegenüber dem Auftraggeber grundsätzlich in Betracht. Das gilt jedenfalls dann, wenn der Auftragnehmer auf die behauptete Vollmacht vertrauen durfte und daraufhin Bauleistungen erbracht hat. Dann kann der Architekt/Fachingenieur nach den Grundsätzen eines Vertreters ohne Vertretungsmacht (§ 179 Abs. 1 BGB) haften.

6. Der Auftraggeber vereinbart nicht die Vorlage der Urkalkulation

Im Fall von Nachträgen kann der Auftragnehmer beim VOB/B-Vertrag nicht frei kalkulieren. Er muss die Nachtragsvergütung auf Basis der

Ursprungskalkulation ermitteln (§ 2 Abs. 5 und 6 Nr. 2 VOB/B). Dazu muss er insbesondere die Kalkulationsbestandteile der Ursprungskalkulation fortschreiben (z.B. die Höhe der Umlage für die allgemeinen Geschäftskosten).

Ob der Auftragnehmer diese Grundsätze einhält, kann der Auftraggeber nur bei Vorlage der **Ursprungskalkulation** prüfen. Der Auftragnehmer muss die Urkalkulation daher spätestens bei einem Streit über die Höhe der Nachtragsvergütung offenlegen.

Indes eröffnet der Auftraggeber dem Auftragnehmer erhebliche „Gestaltungsspielräume", wenn er die Vorlage der Ursprungskalkulation erst dann fordert, wenn tatsächlich Nachträge im Raum stehen. Dann nämlich kann der Auftragnehmer versuchen, die Ursprungskalkulation nachträglich möglichst so anzupassen, dass sich daraus ein möglichst hoher Nachtrag ergibt.

Deshalb sollte der Auftraggeber unbedingt schon im Bauvertrag vereinbaren, dass der Auftragnehmer bei Vertragsabschluss (oder kurz danach) seine Ursprungskalkulation zu hinterlegen hat. Dabei mag die Hinterlegung zunächst in einem geschlossenen Umschlag erfolgen, um den Geheimhaltungsinteressen des Auftragnehmers gerecht zu werden. Im Vertrag sollte aber das Recht des Auftraggebers geregelt sein, den Umschlag im Streitfall über die Höhe von Nachträgen zu öffnen.

7. Der Auftraggeber/Architekt prüft die Nachtragsvergütung nur im Hinblick auf ihre Angemessenheit bzw. Ortsüblichkeit

Auch heute wird von Auftraggebern und Architekten teilweise noch angenommen, dem Auftragnehmer stehe bei Nachtragsleistungen eine „angemessene" oder „ortsübliche" Vergütung zu. Das ist indes nur bei Verträgen richtig, die nicht auf Basis der VOB/B geschlossen wurden (sog. BGB-Verträge). Ist hier der Auftragnehmer mit der Ausführung von Nachtragsleistungen beauftragt worden, ohne dass es zu einer Einigung über den Preis gekommen ist, dann steht dem Auftragnehmer nach § 632 Abs. 2 BGB die „übliche" Vergütung zu.

Ganz anders ist dies jedoch beim VOB/B-Vertrag. Hier finden sich die maßgeblichen Nachtragsregelungen in § 2 Abs. 5 Satz 1 und § 2 Abs. 6 Nr. 2 VOB/B. Nach beiden Vorschriften steht dem Auftragnehmer nicht etwa die ortsübliche Vergütung zu, sondern diejenige, die sich aus der Ursprungskalkulation herleiten lässt. Das geschieht regelmäßig durch Heranziehen einer sog. **„Bezugsposition"**. Das bedeutet, dass der Auftragnehmer sich diejenige Leistung aus dem Hauptvertrag heraussucht, die der Nachtragsleistung am ähnlichsten ist. Der Auftragnehmer muss dann aus der Kalkulation der Bezugsposition diejenigen Kalkulationsbestandteile übernehmen, die auch auf die Nachtragsleistung unverändert zutreffen. Dabei handelt es sich regelmäßig jedenfalls um die kalkulierten Umlagen für Baustellengemeinkosten, allgemeine Geschäftskosten und Wagnis und Gewinn. Aber auch die Höhe des kalkulierten Stundensatzes für Mitarbeiter kann und muss fortgeschrieben werden.

Mit dieser Technik soll ermittelt werden, wie der Auftragnehmer die Nachtragsleistung kalkuliert hätte, wenn ihm deren Notwendigkeit schon bei Kalkulation des Hauptauftrags bekannt gewesen wäre.

Auf die „ortsübliche" Vergütung kommt es dagegen beim VOB/B-Vertrag nur an, wenn die Preisfortschreibung nicht möglich ist. Das ist nur dann der Fall, wenn im Rahmen des Nachtrags völlig neue Leistungen anfallen, die bisher noch überhaupt nicht in der Kalkulation des Hauptauftrags aufgetaucht sind (z.B. Einsatz bislang nicht kalkulierter Baustoffe).

8. Gelten vereinbarte Nachlässe auch für Nachträge?

Bei vielen Bauvorhaben einigen sich Auftraggeber und Auftragnehmer bei Abschluss des Hautvertrags auf teilweise nicht unerhebliche Nachlässe. Diese werden häufig erst in der letzten Verhandlungsrunde, unmittelbar vor Vertragsabschluss, ausgehandelt und sind nicht unbedingt in der Ursprungskalkulation enthalten.

Fraglich ist deshalb, inwieweit Nachlässe, die nicht in die Ursprungskalkulation eingeflossen sind, bei der Nachtragskalkulation zu berücksichtigen sind. Nach § 2 Abs. 5 Satz 1 und § 2 Abs. 6 Nr. 2 VOB/B erfolgt die Berechnung der Nachtragsvergütung auf Basis der Ursprungskalkulation. Deshalb vertreten viele Baujuristen die Ansicht, Nachlässe, die **nicht** in die Ursprungskalkulation einbezogen (sondern erst in der Vergabeverhandlung gewährt) wurden, müssen bei Nachträgen nicht berücksichtigt werden.

Letztlich handelt es sich um eine Frage des Einzelfalls. Ist in einem Vertrag z.B. von einem „Nachlass auf alle Einheitspreise" die Rede, dann wird das so zu verstehen sein, dass der Nachlass auch auf Einheitspreise bei Nachtragsleistungen zu gewähren ist.

Das kann natürlich ausdrücklich anders geregelt werden. Es ist ohne Weiteres zulässig, in den Bauvertrag eine Klausel aufzunehmen, wonach Nachlässe, die im Rahmen des Hauptvertrags gewährt wurden, auch für Nachträge gelten. Sinnvollerweise sollte dann natürlich der auf den Hauptauftrag gewährte Nachlass schriftlich ausgewiesen werden, und zwar mit einem Prozentsatz.

9. Doppelt beauftragte Leistungen müssen nicht doppelt bezahlt werden

Es kommt gelegentlich vor, dass der Auftraggeber einen Nachtrag für Leistungen beauftragt, die an sich schon nach dem Hauptvertrag geschuldet waren. Denkbar sind hier z.B. folgende Fälle:

- Der Auftragnehmer hat einen Nachtrag für eine Leistung gestellt, die nach der einschlägigen DIN eine Nebenleistung ist, die er also ohnehin in seine Vergütung hätte einkalkulieren müssen. Der Auftraggeber übersieht dies und beauftragt die Nebenleistung im Rahmen eines gesonderten Nachtrags.
- Die Bauleistungen des Auftragnehmers werden vor der Abnahme zerstört. Die Gefahr solcher Zerstörungen liegt bis zur Abnahme regelmäßig beim Auftragnehmer (§ 644 BGB). Dennoch fordert dieser für die Wiederherstellung seiner Arbeiten einen Nachtrag, welcher vom Auftraggeber auch beauftragt wird.
- Der Auftragnehmer überschreitet die ursprünglich vorgesehene Bauzeit, sodass die Baustelle wegen schlechterer Witterungsverhältnisse beheizt werden muss. Der Auftraggeber beauftragt

einen entsprechenden Nachtrag, übersieht dabei aber, dass der Auftragnehmer die Bauzeitverlängerung selbst verschuldet hat.

- Der Auftragnehmer hat einen Nachtrag für den Ausbau eines schief eingebauten Bauteils verlangt. Der Auftraggeber beachtet nicht, dass es sich dabei an sich um eine Mängelbeseitigung handelt, und beauftragt den Nachtrag.

In sämtlichen Fällen schuldete der Auftragnehmer die (vermeintliche) Nachtragsleistung an sich schon nach dem Hauptvertrag. Der Auftragnehmer erhält also für die Leistung bereits eine Vergütung, und zwar die für den Hauptvertrag vereinbarte Vergütung. Ihm steht deshalb an sich eine Nachtragsvergütung überhaupt nicht zu. Beauftragt der Auftraggeber dennoch den jeweiligen Nachtrag, so hat er die Leistungen letztlich doppelt beauftragt. Muss er sie nun auch doppelt bezahlen? Entgegen weitverbreiteter Ansicht muss der Auftraggeber die doppelt beauftragte Leistung nicht doppelt bezahlen. Der Auftraggeber kann sich vielmehr von dem schon beauftragten Nachtrag lösen.

Das gilt selbst dann, wenn über die Nachtragsleistung eine gesonderte (auch schriftliche) Vereinbarung zustande gekommen ist. Auch von einem solchen Vertrag kann sich der Auftraggeber noch lösen.

Etwas anderes gilt nur dann, wenn dem Auftraggeber bei Beauftragung des Nachtrags bewusst war, dass er damit eine Leistung doppelt beauftragt, bzw. wenn er damit jedenfalls rechnete.

Beispiel

Der Auftragnehmer fordert einen Nachtrag für die Neuherstellung einer vor der Abnahme beschädigten Leistung. Der Auftraggeber meint, dass er die Leistung nach den Grundsätzen der Gefahrtragung nicht ein zweites Mal bezahlen müsste. Die Parteien verhandeln, im Ergebnis beauftragt der Auftraggeber den Nachtrag zu 75 % des angebotenen Preises. In diesem Fall wusste der Auftraggeber, dass er die Nachtragsleistung letztlich doppelt beauftragt. Er muss sie dann auch doppelt vergüten.

10. Mehrmengen müssen nicht angezeigt werden

Mehrmengen (§ 2 Abs. 3 Nr. 2 VOB/B) fallen an, wenn der Auftraggeber die tatsächlich notwendigen Mengen in den Ausschreibungsunterlagen falsch ermittelt hatte. Er hat sich also z.B. bei der Schätzung einer Fläche vertan oder bei der Ermittlung einer notwendigen Stückzahl schlichtweg verzählt.

Dagegen spricht man von sog. „angeordneten" Mehrmengen, wenn Mehrmengen daher rühren, dass der Auftraggeber nach Vertragsabschluss die Planung ändert, d.h. eine Leistungsänderung oder eine Zusatzleistung anordnet.

Beispiele

- Um eine klassische Mehrmenge handelt es sich, wenn der Auftraggeber die Dachfläche seines Gebäudes im LV mit 200 m^2 angibt, sich bei einem genauen Aufmaß des (unveränderten!) Daches aber ergibt, dass es in Wirklichkeit 207 m^2 sind.

- Dagegen liegt eine angeordnete Mehrmenge vor, wenn sich die Dachfläche dadurch erhöht, dass der Auftraggeber nachträglich noch vier Gauben plant, die ursprünglich nicht vorgesehen waren.
- Eine Mehrmenge ist auch dann angeordnet, wenn der Auftraggeber nachträglich wünscht, dass nicht nur das Haupthaus, sondern nunmehr auch ein Anbau neue Dachziegel erhalten soll.

Der Auftragnehmer ist bei „angeordneten" Mehrmengen i.d.R. verpflichtet, die damit zusammenhängenden Mehrkosten dem Auftraggeber anzuzeigen. Das gilt jedenfalls dann, wenn es sich bei den Mehrmengen um zusätzliche Leistungen i.S.d. § 2 Abs. 6 Nr. 1 VOB/B handelt.

Dagegen ist der Auftragnehmer nicht verpflichtet, den Anfall von klassischen Mehrmengen anzuzeigen. Denn bei diesen Mehrmengen handelt es sich letztlich nicht um einen Nachtrag oder um irgendwie zusätzlich beauftragte Leistungen. Wenn (wie im ersten Beispiel) eine Dachfläche im Leistungsverzeichnis des Auftraggebers mit 200 m^2 angegeben ist, das Dach aber tatsächlich 207 m^2 groß ist, dann ging der ursprünglich erteilte Auftrag von Beginn an dahin, das gesamte Dach (207 m^2) zu decken. Der Auftrag des Auftragnehmers endete nicht etwa bei 200 m^2.

Der Auftragnehmer muss daher die über 200 m^2 hinausgehende Menge nicht gesondert anzeigen.

11. Der Auftraggeber verlangt bei Mehrmengen keinen neuen Einheitspreis

Führt der Auftragnehmer bei einem Einheitspreisvertrag größere Mengen aus als ursprünglich ausgeschrieben (siehe oben unter 10), dann führt dies häufig zu einer sog. Überdeckung bei den Baustellengemeinkosten (BGK). Denn in aller Regel führen die Mehrmengen nicht zu proportional höheren Kosten, insbesondere im Hinblick auf die Baustelleneinrichtung.

Beispiel

Der Auftragnehmer hat als Baustellengemeinkosten die Einrichtung und den Abbau der Baustelleneinrichtung kalkuliert. Die Kosten hierfür müssen auch bei Mehrmengen nicht steigen, jedenfalls nicht zwingend proportional mit den Mehrmengen.

Deshalb steht dem Auftraggeber nach § 2 Abs. 3 Nr. 2 VOB/B das Recht auf einen neuen Einheitspreis zu. Dieser Einheitspreis ist unter Berücksichtigung der Überdeckung der Baustellengemeinkosten zu bilden.

Der Auftragnehmer ist aber nicht „automatisch" verpflichtet, einen geringeren Einheitspreis zu gewähren. Nach § 2 Abs. 3 Nr. 2 VOB/B ist ein neuer Einheitspreis nur „auf Verlangen" zu vereinbaren.

6/2 Richtiges Verhalten im Streitfall

6/2.1 Augen auf beim kaufmännischen Bestätigungsschreiben

Sachverhalt

Der Auftragnehmer macht wegen angeblicher Änderungswünsche des Auftraggebers zwei Nachträge geltend. Die Parteien vereinbaren „zur Klärung der Nachträge" einen Besprechungstermin. Dort werden zunächst einige technische Fragen besprochen und Termine abgestimmt. Sodann wird über die Nachträge verhandelt. Hinsichtlich des ersten Nachtrags einigen sich Auftraggeber und Auftragnehmer darauf, dass dieser mit 10.000 € brutto abgerechnet werden darf. Im Hinblick auf den Nachtrag 2 vertreten die Parteien unterschiedliche Standpunkte. Der Auftraggeber meint, die Leistung sei nicht nachtragsfähig, sondern schon nach dem Hauptvertrag geschuldet. Im Ergebnis können sich die Parteien über diesen Nachtrag nicht einigen.

Wenige Tage danach erhält der Auftraggeber vom Auftragnehmer ein Schreiben, in dem dieser auf das Gespräch Bezug nimmt. Er äußert sich zunächst noch einmal zu den besprochenen technischen und terminlichen Fragen. Abschließend bedankt sich der Auftragnehmer für die Beauftragung des Nachtrags 1 in Höhe von 10.000 € netto (nicht brutto) und auch für den Auftrag, den Nachtrag 2 zu einem Pauschalpreis in Höhe von 5.000 € auszuführen. Der Auftraggeber widerspricht dem Schreiben nicht.

Als der Auftragnehmer Schlussrechnung legt, kürzt der Auftraggeber die Vergütung für den Nachtrag 1 auf 10.000 € brutto (8.403,36 € netto). Hinsichtlich des Nachtrags 2 streicht der Auftraggeber die abgerechnete Vergütung in Höhe von 5.000 € ganz, weil er der Ansicht ist, die Leistung sei nicht nachtragsfähig, sondern schon nach dem Hauptvertrag geschuldet.

Worauf muss der Auftraggeber achten? Was muss er tun?

Der Auftraggeber muss sich der Bedeutung eines sog. kaufmännischen Bestätigungsschreibens bewusst sein. Haben die Parteien des Bauvertrags mündlich verhandelt und hält eine von beiden Seiten das (aus ihrer Sicht) erzielte Besprechungsergebnis schriftlich fest, so handelt es sich um ein sog. kaufmännisches Bestätigungsschreiben. Dieses wird für den Empfänger verbindlich, wenn er dem Inhalt nicht widerspricht. Das gilt auch dann, wenn der Inhalt des Schreibens von dem tatsächlich Besprochenen abweicht.

Das bedeutet: Haben zwischen Auftraggeber und Auftragnehmer Besprechungen stattgefunden und übersendet der Auftragnehmer sodann ein Schreiben, in dem der Inhalt des Gesprächs wiedergegeben wird, dann muss der Auftraggeber das Schreiben sorgfältig prüfen. Ist in dem Schreiben etwas falsch dargestellt worden, dann muss der Auftraggeber dem Schreiben widersprechen.

Ursprünglich galten diese Rechtsgrundsätze nur dann, wenn es sich sowohl beim Auftragnehmer als auch beim Auftraggeber um Kaufleute handelte (also um GmbHs, Aktiengesellschaften oder sonstige Gewerbetreibende). Mittlerweile ist der Anwendungsbereich aber auf Architekten, Ingenieure und sogar **Gemeinden und Behörden** ausgeweitet worden.

Was droht dem Auftraggeber?

Widerspricht der Auftraggeber einem Bestätigungsschreiben nicht, dann wird der (falsche) Inhalt für ihn dennoch verbindlich. Es kommt dann überhaupt nicht mehr darauf an, was die Parteien ursprünglich besprochen hatten. Das gilt selbst dann, wenn der Auftraggeber für das tatsächliche Besprechungsergebnis Beweise hat, z.B. Zeugen stellen kann. Denn durch das Schweigen auf das kaufmännische Bestätigungsschreiben ist die etwaige ursprüngliche Übereinkunft hinfällig geworden und es ist eine neue Einigung mit dem Inhalt des Schreibens zustande gekommen.

Widerspricht also der Auftraggeber im obigen Beispielsfall dem falschen Schreiben nicht, dann wird der dort wiedergegebene Gesprächsinhalt für ihn verbindlich. Im Ergebnis bedeutet das: Der Auftraggeber muss den Nachtrag 1 mit 10.000 € netto (nicht brutto) vergüten. Den Nachtrag 2 muss er in Höhe von 5.000 € netto bezahlen.

Irrelevant ist, dass die Parteien sich ursprünglich auf 10.000 € brutto bzw. hinsichtlich des Nachtrags 2 überhaupt nicht geeinigt hatten. Denn durch das Schweigen des Auftraggebers kommt eben gerade eine neue Vereinbarung zustande. Das gilt selbst dann, wenn in der Besprechung tatsächlich gar kein Abschluss erfolgte.

Beachte

Die Grundsätze des kaufmännischen Bestätigungsschreibens gelten natürlich auch für den Auftragnehmer. Fasst also der Auftraggeber das Besprechungsergebnis schriftlich zusammen, dann muss der Auftragnehmer widersprechen, wenn dort etwas falsch dargestellt wurde.

Die Grundsätze des kaufmännischen Bestätigungsschreibens sind also ein „zweischneidiges Schwert". Sie gelten sowohl zugunsten als auch zulasten des Auftraggebers.

Wo ist das geregelt?

Die Grundsätze des kaufmännischen Bestätigungsschreibens sind nicht ausdrücklich gesetzlich geregelt. Sie werden aber aus der Regelung des § 346 HGB hergeleitet.

Dass kaufmännische Bestätigungsschreiben auch gegenüber Gemeinden und Behörden greifen können, hat der BGH u.a. in seinem Urteil vom 27.01.2011 (BGH, 27.01.2011, XII ZR 186/09) klargestellt.

6/2.2 Duldungs- und Anscheinsvollmacht des Architekten

Sachverhalt

Der Auftragnehmer hat dem Auftraggeber mitgeteilt, dass aus seiner Sicht diverse vertragliche Fragen zu klären sind, etwa die Beauftragung von Nachträgen, aber auch die Vereinbarung neuer Termine. Der Auftraggeber bittet den mit der Bauleitung beauftragten (externen) Architekten, das Gespräch für ihn wahrzunehmen. Er selbst nimmt daran nicht teil. In dem Gespräch einigen sich der Auftragnehmer und der Architekt darauf, dass die Nachträge so wie angeboten beauftragt werden.

Hinsichtlich der Ausführungstermine werden die ursprünglich vereinbarten Fristen sehr großzügig verlängert. Als der Auftraggeber davon erfährt, widerspricht er sowohl der Einigung im Hinblick auf die Nachträge als auch im Hinblick auf die Termine. Er weist darauf hin, dass der von ihm entsandte Architekt zu solchen Vertragsänderungen überhaupt nicht bevollmächtigt gewesen sei.

Worauf muss der Auftraggeber achten? Was muss der Auftraggeber wissen?

Handlungen oder Erklärungen von Dritten sind für den Auftraggeber grundsätzlich nur dann verbindlich, wenn der Dritte Vertretungsmacht hatte, den Auftraggeber zu vertreten. Diese Vertretungsmacht kann entweder aus dem Gesetz folgen (z.B. beim GmbH-Geschäftsführer) oder auf einer Vollmachtserteilung beruhen.

Architekten/Fachingenieure sind regelmäßig nicht bevollmächtigt

Externen Architekten wird regelmäßig keine Vollmacht zur umfassenden Vertretung des Auftraggebers erteilt. Auch aus dem zwischen Architekt und Auftraggeber abgeschlossenen Architektenvertrag folgt eine solche Vollmacht nach ständiger Rechtsprechung nicht. Architekten haben deshalb im Regelfall keine Vollmacht, den Auftraggeber nach außen zu vertreten. Das gilt jedenfalls dann, wenn dem Auftraggeber durch das Vertreterhandeln Kosten entstehen würden. So kann ein Architekt zwar Mängelrügen aussprechen (diese kosten den Auftraggeber kein Geld). Geht es aber um die Anordnung von Nachtragsleistungen oder die Vereinbarung von Ausführungsfristen, so können dem Auftraggeber dadurch Kosten entstehen. Der externe Architekt hat insoweit also keine Vollmacht.

(Merksatz: „Die Vollmacht des Architekten endet am Portemonnaie des Auftraggebers.")

Das Gleiche gilt natürlich für Fachingenieure.

Duldungs- und Anscheinsvollmacht

Ausnahmsweise muss sich der Auftraggeber aber das Handeln seines Architekten doch zurechnen lassen. Dies kann nach den Grundsätzen der sog. Duldungs- bzw. Anscheinsvollmacht der Fall sein. Hat ein externer Architekt bereits wiederholt Änderungs- bzw. Zusatzleistungen angeordnet und konnte der Auftraggeber dies erkennen, dann ist er an die Anordnungen seines externen Architekten gebunden. So ist z.B. von einer Duldungsvollmacht auszugehen, wenn der externe Architekt bereits wiederholt zusätzliche Leistungen angeordnet hat und diese vom Auftraggeber anstandslos bezahlt wurden.

Nach neuerer Rechtsprechung sind die Grundsätze der Anscheins- bzw. Duldungsvollmacht auch anzuwenden, wenn eine Vertragspartei einen Vertreter zu Verhandlungen entsendet. Das gilt jedenfalls dann, wenn der Auftraggeber damit rechnen musste, dass im Rahmen der Verhandlungen auch Vereinbarungen geschlossen werden würden. Schickt der Auftraggeber dann einen Vertreter zu solchen Gesprächen, dann darf die andere Vertragspartei davon ausgehen, dass der Vertreter bevollmächtigt ist.

Anders liegt der Fall, wenn der Auftraggeber einen Vertreter zu einem Termin entsendet, bei dem nicht mit Vertragsverhandlungen zu rechnen war (z.B.: Der Auftraggeber entsendet seinen Haustechniker, um dem Auftragnehmer das Tor zum Baugrundstück zu öffnen.).

Was droht dem Auftraggeber?

Liegt eine Anscheins- oder Duldungsvollmacht vor, so muss sich der Auftraggeber das Verhalten seines Vertreters zurechnen lassen, auch wenn diesem an sich keine Vollmacht erteilt worden war. Die Handlungen bzw. Erklärungen des Vertreters sind dem Auftraggeber so zurechenbar, als ob er sie selbst getätigt hätte. Werden z.B. Nachtragsleistungen beauftragt, dann müssen diese vom Auftraggeber vergütet werden.

Hat sich der Vertreter mit dem Auftragnehmer über neue Fristen geeinigt, so sind auch diese verbindlich.

Im obigen Sachverhalt ist der Auftraggeber also an die Vereinbarungen seines Architekten gebunden. Das gilt insbesondere im Hinblick auf die Nachträge, aber auch bezüglich der Verlängerung der vereinbarten Fristen.

Denkbar ist, dass der Auftraggeber wegen ihm daraus entstehender Nachteile bei dem Architekten Regress nimmt. Das ist möglich, wenn der Architekt Anweisungen zuwidergehandelt hat. Das kann eine Verletzung des Architektenvertrags darstellen, sodass sich der Architekt schadensersatzpflichtig macht.

Wo ist das geregelt?

Die Grundsätze der Vertretungsmacht richten sich nach den §§ 164 ff. BGB.

Die Anscheins- bzw. Duldungsvollmacht ist nicht gesetzlich geregelt, sondern wurde von der Rechtsprechung entwickelt. Das gilt insbesondere auch für die Anscheinsvollmacht im Fall des Entsendens zu Verhandlungen (BGH, Urteil vom 27.01.2011, XII ZR 186/09).

6/2.3 Schriftformklausel kann zum Bumerang werden

Sachverhalt

Auftraggeber und Auftragnehmer haben einen VOB/B-Bauvertrag geschlossen, der eine Schriftformklausel für Nachträge beinhaltet. Danach kann der Auftragnehmer eine Vergütung von Nachtragsleistungen nur dann verlangen, wenn sie vom Auftraggeber schriftlich beauftragt wurden. In der Bauphase stellt der Auftragnehmer zwei Nachträge. Nach Prüfung gelangt der Auftraggeber zu der Ansicht, dass der Nachtrag 1 grundsätzlich berechtigt ist. Die verlangte Vergütung hält der Auftraggeber aber für zu hoch. Hinsichtlich des Nachtrags 2 meint er, dass die angebotene Nachtragsleistung schon nach dem Hauptvertrag geschuldet und deshalb nicht nachtragsfähig ist.

Worauf muss der Auftraggeber achten? Was muss der Auftraggeber wissen?

Die Parteien haben hier zwar einen Vertrag auf Basis der VOB/B abgeschlossen, allerdings ist der Auftraggeber in seinen Vertragsbedingungen von der VOB/B abgewichen. Der Vertrag sieht vor, dass Nachträge nur bezahlt werden, wenn sie beauftragt wurden. Zudem schreibt der Vertrag die Schriftform für den Auftrag vor.

Das ist eine **doppelte** Abweichung von der VOB/B. Denn nach den entscheidenden Nachtragsvorschriften der VOB (§ 2 Abs. 5 und 6

VOB/B) ist schon die **Beauftragung** von Nachtragsleistungen nicht zwingend vorgesehen. Ein solcher Auftrag würde eine zweiseitige Vereinbarung (d.h. also auch das Einverständnis des Auftragnehmers mit der Leistungsausführung) voraussetzen.

Anordnungsrecht des Auftraggebers bei VOB/B-Verträgen

Bei VOB/B-Verträgen ist der Auftraggeber aber auf dieses Einverständnis nicht angewiesen. Er kann die Ausführung von Bauleistungen einseitig anordnen. Der Auftragnehmer ist grundsätzlich verpflichtet, angeordnete Leistungen auch auszuführen (nach Maßgabe von § 1 Abs. 3 und 4 VOB/B). Der Auftraggeber hat also ein einseitiges Leistungsbestimmungsrecht. Er kann anordnen/bestimmen, dass eine gewisse Leistung auszuführen ist. Ob der Auftragnehmer mit der Leistungsausführung einverstanden ist, ist nach Maßgabe des § 1 Abs. 3 und 4 VOB/B nicht relevant. Eine Ausnahme gilt allenfalls für solche zusätzlichen Leistungen, die technisch nicht zwingend notwendig sind (§ 1 Abs. 4 VOB/B).

Die VOB weicht damit maßgeblich vom BGB ab. Beim BGB-Vertrag können dem Auftragnehmer Nachtragsleistungen nicht einseitig „diktiert" werden. Nachtragsleistungen muss der Auftragnehmer beim BGB-Vertrag grundsätzlich nur durchführen, wenn er damit einverstanden ist. Denn die Beauftragung von Nachtragsleistungen setzt nach dem BGB eine Einigung zwischen den Vertragsparteien voraus.

Das einseitige Leistungsbestimmungsrecht des Auftraggebers beim VOB/B-Vertrag hat durchaus seine Vorteile. Denn wenn der Auftraggeber die Ausführung einer Bauleistung einseitig anordnen kann, dann muss der Auftragnehmer die Bauleistung erbringen. Das gilt selbst dann, wenn eine Einigung oder eine Preisvereinbarung noch gar nicht zustande gekommen ist. Die VOB spricht in den maßgeblichen Nachtragsvorschriften (§ 2 Abs. 5 und 6 VOB/B) davon, dass eine Preisvereinbarung vor der Ausführung zustande kommen **soll.** Zwingend ist das nicht. Der Auftraggeber hat deshalb beim VOB/B-Vertrag die Möglichkeit, die Ausführung von Nachtragsleistungen kurzfristig (auch ohne Einverständnis des Auftragnehmers) zu erzwingen. Insbesondere können langwierige Preisverhandlungen nicht dazu führen, dass sich die Ausführung der Nachtragsleistung verzögert.

Schriftform nach VOB/B nicht vorgeschrieben

Die bereits angesprochene Schriftformklausel stellt eine weitere Abweichung von der VOB/B dar, denn eigentlich ist weder für die Anordnung noch für den Auftrag oder die Preisvereinbarung die Schriftform vorgeschrieben (§ 2 Abs. 5 und 6 VOB/B). Bei einem VOB/B-Vertrag ist es also möglich, einen Auftrag bzw. eine Preisvereinbarung auch mündlich oder sonst wie formlos abzuschließen.

Eine Schriftformklausel für Nachträge wird im Interesse der Kostensicherheit vereinbart. Der Auftraggeber möchte sichergehen, dass er am Ende nur solche Nachtragsleistungen bezahlen muss, die er schriftlich beauftragt hat. Insbesondere möchte sich der Auftraggeber vor der häufigen Praxis von Bauunternehmen schützen, Nachträge erst zeitlich verzögert bzw. sogar erst mit der Schlussrechnung geltend zu machen. Der Auftraggeber möchte sich also vor „bösen Überraschungen" bewahren.

Was droht dem Auftraggeber?

Auftraggeber müssen allerdings beachten, dass Schriftformklauseln häufig nur eine sehr trügerische Sicherheit bieten und sich im Extremfall sogar als Bumerang erweisen können. Dies aus folgenden Gründen:

Schriftformklauseln häufig unwirksam

Schriftformklauseln für Nachträge werden in aller Regel nicht zwischen den Parteien individuell ausgehandelt, sondern vom Auftraggeber in Form von Allgemeinen Geschäftsbedingungen (Formularklauseln) vorgegeben. Ist das der Fall, dann halten Schriftformklauseln häufig einer gerichtlichen Überprüfung nicht stand und sind unwirksam. Dies deshalb, weil umfassende Schriftformklauseln insbesondere auch gesetzliche Ansprüche des Auftragnehmers auf Zahlung bzw. Vergütung ausschließen würden. Das können etwa Ansprüche wegen einer sog. „Geschäftsführung ohne Auftrag" sein, z.B. wenn der Auftragnehmer dem Auftraggeber bei Gefahr im Verzug Nothilfe leistet. Für solche Hilfeleistungen könnte der Auftragnehmer im Fall einer Schriftformklausel keinerlei Ersatz oder Vergütung verlangen. Das benachteiligt ihn unangemessen, deshalb wäre eine umfassende Schriftformklausel, nach der sämtliche Nachtragsleistungen einer schriftlichen Beauftragung bedürfen, unwirksam.

Deshalb müssen Auftraggeber häufig am Ende eines Bauvorhabens die schmerzhafte Erfahrung machen, dass die von ihnen verwendete Schriftformklausel nicht die erhoffte Kostensicherheit gebracht hat.

Indes ist es natürlich möglich, wirksame Schriftformklauseln zu vereinbaren. Eine Klausel, die gesetzliche Ansprüche (z.B. bei Nothilfe) nicht ausschließt, kann wirksam formuliert und vereinbart werden. Hier sollte sich der Auftraggeber von einem erfahrenen Baurechtsanwalt beraten lassen.

Schriftformklauseln behindern Baufortschritt

Allerdings muss sich der Auftraggeber darüber bewusst sein, dass auch eine wirksame Schriftformklausel zum Bumerang werden kann. Dem Auftragnehmer steht nämlich das Recht zu, bei einer vereinbarten Schriftformklausel die Nachtragsleistung so lange **nicht** auszuführen, wie ihm der schriftliche Auftrag nicht erteilt wurde. Wenn nämlich der Vertrag vorsieht, dass der Auftragnehmer ohne schriftlichen Nachtrag keine Vergütung erhält, dann muss er natürlich mit der Ausführung der Nachtragsleistung nicht beginnen, bis ihm ein solcher schriftlicher Nachtrag vorliegt. Das bedeutet: Solange sich Auftraggeber und Auftragnehmer nicht über den Nachtrag einig sind, muss der Auftragnehmer die Nachtragsleistung nicht ausführen. Das gilt insbesondere auch, wenn sich die Parteien nur über die Höhe der Nachtragsvergütung streiten bzw. darüber verhandeln. Solange hier eine Einigung nicht gefunden wurde, muss der Auftragnehmer die Nachtragsleistung nicht ausführen.

Das gilt übrigens unabhängig davon, ob die Schriftformklausel im Vertrag wirksam oder unwirksam ist. Es steht dem Auftragnehmer auch im Fall der Unwirksamkeit frei, sich nicht darauf zu berufen, sondern stattdessen auf einer schriftlichen Auftragserteilung zu bestehen.

In letzter Konsequenz bedeutet das, dass Meinungsverschiedenheiten über Nachträge – wie sie an der Tagesordnung jedes

Bauvorhabens sind – den Bauablauf behindern können. Während der Auftragnehmer bei Fehlen einer Schriftformklausel Nachtragsleistungen beim VOB/B-Vertrag grundsätzlich sofort ausführen muss (auch vor dem Zustandekommen einer Preisvereinbarung), ist das bei Vereinbarung einer Schriftformklausel gerade andersherum.

Das ist besonders misslich, wenn die im Streit stehende Nachtragsleistung für den Bauablauf bedeutsam ist, es sich z.B. um eine Vorleistung für die Erbringung sämtlicher weiterer Arbeiten handelt. Dann kann der Streit über einen Nachtrag das gesamte Bauvorhaben verzögern.

Der Auftraggeber sollte deshalb sorgfältig abwägen, worin die Vor- und Nachteile einer Schriftformklausel liegen. Was ist ihm wichtiger, Kostensicherheit oder ein zügiger Bauablauf?

Lösung

Ein praktikabler Kompromiss zwischen beiden besteht darin, eine Schriftformklausel nicht für den Auftrag vorzusehen, sondern nur im Hinblick auf die **Anordnung** von Nachtragsleistungen gemäß § 2 Abs. 5 und § 2 Abs. 6 VOB/B. Im Falle einer solchen Klausel bleibt der Auftraggeber in dem „Genuss" eines einseitigen Leistungsbestimmungsrechts. Er kann also den Auftragnehmer zur Ausführung einer Nachtragsleistung auch dann zwingen, wenn eine Preisvereinbarung noch nicht zustande gekommen ist (nach Maßgabe von § 1 Abs. 3 und 4 VOB/B). Gleichzeitig bringt die Klausel dem Auftraggeber zumindest ein gewisses Maß an Kostensicherheit; er muss nämlich nur solche Nachtragsleistungen bezahlen, die er schriftlich angeordnet hat. Da solche Schriftformklauseln für Anordnungen auch keine gesetzlichen Ansprüche ausschließen, sind sie im Regelfall wirksam. Im Ergebnis erhält der Auftraggeber hier zwar ein Stück weniger Kostensicherheit, dafür aber behindert die Schriftformklausel den Bauablauf nicht.

Wo ist das geregelt?

Das Recht des Auftraggebers, einseitige Leistungsänderungen oder Zusatzleistungen anzuordnen, ist in § 1 Abs. 3 und 4 VOB/B geregelt.

Aus § 2 Abs. 5 und § 2 Abs. 6 VOB/B ergibt sich, dass der Vergütungsanspruch des Auftragnehmers im Falle von Nachträgen nicht von einer Beauftragung oder der Einhaltung der Schriftform abhängt.

Die Unwirksamkeit einer umfassenden Schriftformklausel für Nachträge geht u.a. auf das BGH-Urteil vom 27.11.2003 (BGH, 27.11.2003, VII ZR 53/03) zurück.

6/2.4 Wann muss der Auftragnehmer auf Lücken oder Widersprüche in den Ausschreibungsunterlagen hinweisen?

Sachverhalt

Der Auftraggeber schreibt Arbeiten an einem Mehrfamilienhaus aus. Grundlage der Ausschreibung sind die in seinem Auftrag von einem Fachingenieur erstellten Entwurfspläne und ein Leistungsverzeichnis. Der Auftragnehmer unterbreitet ein Angebot. Im Ergebnis wird er mit den Leistungen zu einem Pauschalpreis beauftragt.

Nach Vertragsabschluss stellt sich heraus, dass aus technischen Gründen eine Leistung notwendig wird, die vom Auftraggeber nicht ausgeschrieben wurde. Der Auftragnehmer unterbreitet ein entsprechendes Nachtragsangebot. Der Auftraggeber lehnt dies ab, fordert aber dennoch die Ausführung der Arbeiten. Er weist darauf hin, dass der Auftragnehmer als Fachbetrieb das Fehlen der Leistung in den Ausschreibungsunterlagen hätte erkennen müssen. Die Leistung sei aus technischen Gründen zwingend notwendig, ohne sie sei das Werk des Auftragnehmers mangelhaft. Eine zusätzliche Vergütung könne deshalb nicht verlangt werden. Der Auftragnehmer ist nicht bereit, die Leistung ohne Vergütung auszuführen.

Worauf muss der Auftraggeber achten? Was muss der Auftraggeber wissen?

Im obigen Beispielsfall stellen sich zwei Fragen: Muss der Auftragnehmer die fehlende Leistung erbringen? Erhält er dafür eine gesonderte Vergütung?

Muss der Auftragnehmer die Leistung erbringen?

Die erste Frage ist noch vergleichsweise einfach zu beantworten. Im Grundsatz hat der Auftragnehmer eine funktionsfähige Leistung zu erbringen. Ist die fehlende Leistung zur dauerhaften Funktionsfähigkeit (auch im Fall des Rückstaus) notwendig, so gehört sie zu den vom Auftragnehmer geschuldeten Leistungen. Das gilt selbst dann, wenn die Rückstauklappe nicht ausdrücklich ausgeschrieben war. Die Rechtsprechung hat in den letzten Jahren immer wieder hervorgehoben, dass bei einem Werkvertrag die Funktionstauglichkeit des Werks im Vordergrund stehe. Der Auftragnehmer schulde also nicht nur die bloße Erbringung bzw. Befolgung der vorgeschriebenen

Arbeitsschritte (LV-Positionen). Er schuldet letztendlich ein funktionsfähiges Werk. Lässt sich ein funktionsfähiges Werk auf Basis des Leistungsverzeichnisses nicht erreichen, so schuldet der Auftragnehmer dennoch die Funktionsfähigkeit.

Die Rechtsprechung wird im obigen Beispielsfall also annehmen, dass das Leistungsverzeichnis lückenhaft und damit unzureichend ist. Sie käme zu dem Ergebnis, dass der Auftragnehmer trotz des Fehlens der Leistung in den Ausschreibungsunterlagen diese dennoch schulde.

Selbst wenn man der Ansicht wäre, dass die Leistung nicht zum ursprünglichen Bausoll gehöre, so wäre der Auftraggeber in jedem Fall gemäß § 1 Abs. 4 VOB/B berechtigt, die Ausführung der technisch notwendigen Rückstauklappe anzuordnen. So oder so wäre also der Auftragnehmer verpflichtet, die Leistung zu erbringen.

Muss der Auftraggeber die Leistung (gesondert) vergüten?

Eine ganz andere Frage ist, ob der Auftragnehmer dafür eine gesonderte Vergütung verlangen kann. Der BGH hat wiederholt entschieden, dass auch solche Leistungen, die technisch zur Herstellung des Werks erforderlich sind, nicht unbedingt mit der bei Vertragsabschluss vereinbarten Vergütung abgegolten sein müssen. Die im Ausgangsfall fehlende Leistung war mit der vereinbarten Vergütung aber nur dann abgegolten, wenn der Auftragnehmer bei Vertragsabschluss erkannt hat oder hätte erkennen müssen, dass in den Ausschreibungsunterlagen die Leistung (ungewollt) fehlt. Dazu im Einzelnen:

Ein Auftragnehmer darf im Hinblick auf Ausschreibungsunterlagen grundsätzlich davon ausgehen, dass diese vollständig und richtig sind. Vom Auftragnehmer kann in der (häufig kurzen) Angebotsphase nicht verlangt werden, dass er sich über technische Einzelheiten des Bauvorhabens bereits sehr tiefgehende Gedanken macht. In der Angebotsphase prüft der Auftragnehmer die Ausschreibungsunterlagen vornehmlich unter kalkulatorischen Gesichtspunkten, nicht unter technischen Aspekten. Der Auftragnehmer muss sich deshalb bei Kalkulation eines Angebots auch nicht davon überzeugen, dass die Ausschreibungsunterlagen in technischer Hinsicht tatsächlich vollständig sind. Der Auftragnehmer darf den Fokus darauf richten, ob er die ausgeschriebenen Leistungen kalkulieren kann.

Etwas anderes gilt, wenn der Auftragnehmer schon bei Angebotserstellung erkannt hat, dass

- die Ausschreibung unvollständig und
- die Lücke vom Auftraggeber nicht gewollt ist.

Dann muss er die Leistung einkalkulieren bzw. das Problem gegenüber dem Auftraggeber ansprechen.

Das Gleiche gilt, wenn die ungewollte Lückenhaftigkeit der Ausschreibungsunterlagen für den Auftragnehmer offensichtlich war. In diesem Fall kann dem Auftragnehmer vorgeworfen werden, dass er eine offensichtlich notwendige (und vom Auftraggeber im Prinzip gewollte) Leistung nicht bzw. nicht richtig kalkuliert hat. Das wirkt sich zu seinem Nachteil aus, denn bei solchen offensichtlichen Lücken/Widersprüchen kann der Auftragnehmer später keinen Nachtrag geltend machen.

Hinweis für die Praxis

In der Praxis wird der Auftragnehmer häufig nicht freimütig einräumen, dass er die Lückenhaftigkeit des Leistungsverzeichnisses schon in der Angebotsphase erkannt hat. Es kommt deshalb in aller Regel darauf an, ob die Lücke für den Auftragnehmer offensichtlich war. Da den Auftragnehmer in der Angebotsphase keine tiefgehenden technischen Prüfpflichten treffen, kann es hier allenfalls um solche Lücken gehen, die dem Auftragnehmer ins Gesicht springen mussten. Die Lückenhaftigkeit muss so offensichtlich sein, dass sie dem Auftragnehmer letztlich nicht entgangen sein kann.

Beispiel

Der Auftragnehmer soll neue Gleise verlegen, die in einem Teilbereich überfahrbar hergestellt werden sollen. Die dazu notwendige Unterbetontragplatte wird vom Auftraggeber nicht detailliert ausgeschrieben. Vielmehr heißt es in der entsprechenden Position, der Auftragnehmer solle die Unterbetontragplatte selbst planen, insbesondere auch in statischer Hinsicht. Weiter heißt es in der Position, der Auftragnehmer solle dabei von dem Befahren mit einem 40-Tonnen-Lkw ausgehen. Der Auftragnehmer plant eine Unterbetontragplatte, die für eine solche Befahrung geeignet ist. Noch vor der Ausführung wird jedoch klar, dass die Unterbetontragplatte nicht nur der Befahrung durch Kraftfahrzeuge standhalten muss, sondern natürlich auch dem über die Gleise geführten Eisenbahnverkehr. Die Belastung durch Züge ist ungleich höher als durch Lkws. Der Auftragnehmer macht Mehrkosten geltend. Diese werden vom Auftraggeber mit dem Hinweis zurückgewiesen, die Leistungsbeschreibung sei erkennbar unvollständig gewesen. Es sei absehbar gewesen, dass bei der Planung der Unterbetontragplatte nicht nur der Lkw, sondern auch der Bahnverkehr berücksichtigt werden müsse. Auch wenn der Bahnverkehr in der Leistungsbeschreibung nicht erwähnt werde, so sei diese ungewollte Lücke doch offensichtlich. Die mit dem Fall befasste VOB-Stelle Niedersachsen gab dem Auftraggeber recht.

Konsequenz für den Ausgangsfall

Entscheidend ist also, inwieweit das Fehlen einer Leistung vom Auftragnehmer im Angebotsstadium erkannt wurde oder offensichtlich war. Das ist letztendlich eine Frage des Einzelfalls.

Einmal angenommen, das Fehlen der Leistung war im Angebotsstadium nicht erkennbar. Dann ist die Leistung nicht mit der bislang vereinbarten Vergütung abgegolten. Der Auftragnehmer muss die Leistung zwar erbringen, kann hierfür aber eine gesonderte Vergütung verlangen.

Nichts anderes gilt, wenn man den Sachverhalt aus dem Blickwinkel eines etwaigen Mangels betrachtet. Selbst wenn man die Ansicht vertritt, dass das Bauwerk ohne die fehlende Leistung mangelhaft ist, so würde es sich dennoch bei den entsprechenden Herstellkosten um sog. Sowieso-Kosten handeln, wenn die Leistung mit der bislang vereinbarten Vergütung nicht abgegolten war.

Anders ist der Sachverhalt dann zu beurteilen, wenn das Fehlen der Leistung für einen Fachbetrieb schon in der Angebotsphase offensichtlich war und der Auftragnehmer davon ausgehen musste, dass der Auftraggeber die Leistung dennoch erwartet. Dann steht dem Auftragnehmer hier keine gesonderte Vergütung zu. Die Rechtsprechung spricht von einem sog. „frivolen" Bieter.

Hinweis für die Praxis

Das oben Gesagte gilt entsprechend, wenn die Ausschreibungsunterlagen in sich widersprüchlich sind. Dann ist entscheidend, ob der Auftragnehmer diesen Widerspruch erkannt hat bzw. ob er offensichtlich war.

Was droht dem Auftraggeber?

War das Fehlen der Leistung für den Auftragnehmer nicht erkennbar, so steht ihm ein Anspruch auf eine zusätzliche Vergütung zu. Dem Auftraggeber steht es dann zwar frei, die Leistungserbringung zu fordern; er muss jedoch die zusätzliche Leistung gesondert vergüten. Deshalb empfiehlt es sich, gegenüber dem Auftragnehmer schriftlich anzuordnen, eine Leistung zu erbringen. Zur Vermeidung weiterer Verzögerungen empfiehlt es sich zudem, gegenüber dem Auftragnehmer sogleich klarzustellen, dass die Leistung gesondert vergütet wird.

Bestreitet der Auftraggeber dagegen in einem solchen Fall den an sich berechtigten Vergütungsanspruch des Auftragnehmers, so muss dieser die Nachtragsleistung (Rückstauklappe) zunächst nicht ausführen. Bestreitet der Auftraggeber nämlich einen berechtigten

Nachtrag schon dem Grunde nach, so besteht eine Ausführungspflicht des Auftragnehmers nicht

Im obigen Sachverhalt hat der Auftraggeber den Nachtrag und die Nachtragsvergütungen mit dem Argument zurückgewiesen, das Fehlen der Leistungen sei erkennbar gewesen und deshalb schon mit der vereinbarten Vergütung abgegolten. Da der Auftraggeber damit den Nachtrag schon dem Grunde nach bestreitet, muss der Auftragnehmer die Nachtragsleistungen nicht ausführen. Verkennt der Auftraggeber diese Rechtslage, so kann dies im schlimmsten Fall dazu führen, dass er dem Auftragnehmer (frei) kündigt und ihm die Kündigungsvergütung nach § 8 Abs. 1 Nr. 2 i.V.m. § 649 BGB zahlen muss. Siehe dazu im Einzelnen den folgenden Streitfall „Streit über Nachträge".

Schlimmstenfalls muss der Auftragnehmer hier letztendlich eine freie Kündigung gegenüber dem Auftragnehmer aussprechen und ihm dann die sog. Kündigungsvergütung nach § 8 Abs. 1 Nr. 2 i.V.m. § 649 BGB zahlen.

Hinweis für die Praxis

Kann der Auftraggeber nicht aus eigener Sachkunde beurteilen, ob die Lückenhaftigkeit bzw. Widersprüchlichkeit des Leistungsverzeichnisses für den Auftragnehmer offensichtlich war, so sollte er sich hier unbedingt von einem Sachverständigen beraten lassen.

Wo ist das geregelt?

Dass der Auftragnehmer ein insgesamt funktionsfähiges Werk schuldet, ergibt sich nach Ansicht der Gerichte aus der Systematik des BGB (vgl. etwa BGH, Urteil vom 16.07.1998, VII ZR 350/96).

Der Beispielsfall der statischen Bemessung der Unterbetontragplatte ist von der VOB-Stelle Niedersachsen entschieden worden (VOB-Stelle Niedersachsen, Entscheidung vom 19.04.2007, Fall 1499).

6/2.5 Streit über Nachträge

Sachverhalt

Wenige Tage nach Vertragsabschluss stellt der Auftragnehmer zwei Nachträge. Nach Prüfung kommt der Auftraggeber zu der Ansicht, dass der Nachtrag 1 im Grunde berechtigt ist. Die geltend gemachte Vergütung hält er jedoch für überhöht. Den Nachtrag 2 hält der Auftraggeber schon dem Grunde nach für unberechtigt. Der Auftragnehmer macht hier eine zusätzliche Vergütung für eine Untergrundvorbereitung geltend. Der Auftraggeber meint, die Notwendigkeit dieser Leistung sei schon bei Vertragsabschluss erkennbar gewesen, selbst wenn sie nicht ausdrücklich ausgeschrieben worden sei. Die Nachtragsleistung ist für den Baufortschritt unbedingt erforderlich. Solange sie nicht ausgeführt wird, können die Bauarbeiten nicht fortgesetzt werden.

Im Ergebnis ist der Auftraggeber bereit, den Nachtrag 1 zu vergüten, allerdings nur in geringer Höhe. Den Nachtrag 2 weist er zurück.

Worauf muss der Auftraggeber achten? Was muss er tun?

Der Auftraggeber muss mit der Rechtslage beim Streit über Nachträge vertraut sein. Nach gefestigter Rechtsprechung ist ein Auftragnehmer grundsätzlich verpflichtet, eine zumindest angeordnete Nachtragsleistung (§ 2 Abs. 5 und 6 VOB/B) auszuführen. Angeordnet ist eine Nachtragsleistung dann, wenn der Auftraggeber erkennbar die Leistungserbringung verlangt.

Der Auftragnehmer muss die Nachtragsleistung grundsätzlich ausführen

Der Auftragnehmer kann die Erbringung einer Nachtragsleistung grundsätzlich **nicht** vom Zustandekommen einer Preisvereinbarung abhängig machen. Er muss also eine Nachtragsleistung grundsätzlich auch dann ausführen, wenn sich die Parteien noch nicht über die Höhe des Nachtrags geeinigt haben bzw. sogar darüber streiten. Der Auftragnehmer kann den Auftraggeber insbesondere nicht dahin gehend unter Druck setzen, dass er zur Ausführung der Nachtragsleistung nur bei Bestätigung seines Preises bereit ist.

Leistungsverweigerungsrecht bei Streit über den Grund

Das gilt jedenfalls, solange zwischen den Parteien nur die Höhe der Vergütung im Streit steht. Streiten die Parteien dagegen schon dem Grunde nach über den Nachtrag, dann kann dem Auftragnehmer das Recht zustehen, die Nachtragsleistung zunächst nicht zu erbringen. Der Grundsatz lautet: Bestreitet der Auftraggeber einen **berechtigten** Nachtrag schon dem Grunde nach, dann ist der Auftragnehmer nicht verpflichtet, die entsprechende Nachtragsleistung zu erbringen. Denn wenn der Nachtrag tatsächlich berechtigt ist, dann ist es dem Auftragnehmer nicht zumutbar, die Bauleistung zunächst zu erbringen und sodann seine Vergütung erst (vor Gericht) zu erstreiten. Er hat ein Leistungsverweigerungsrecht.

Wann streiten die Parteien über die Höhe und wann über den Grund?

Nur die Höhe der Vergütung ist zwischen den Parteien im Streit, wenn der Auftraggeber

- den Preis als „zu hoch" rügt,
- Nachweise für die Höhe der Nachtragsvergütung fordert (z.B. bezüglich der Materialkosten) oder
- bestreitet, dass die Nachtragsvergütung aus der Ursprungskalkulation hergeleitet wurde.

Dagegen streiten die Parteien schon über den Grund eines Nachtrags, wenn der Auftraggeber

- den Nachtrag als „nicht nachtragsfähig" bezeichnet,
- der Ansicht ist, dass die Nachtragsleistung schon nach dem Hauptvertrag geschuldet sei,
- der Ansicht ist, dass bei einem Pauschalpreisvertrag „alles inklusive" sei,
- meint, bei der Nachtragsleistung handele es sich um eine Nebenleistung, oder
- meint, dass der Auftragnehmer die Notwendigkeit der Nachtragsleistung schon vor bzw. bei Vertragsschluss erkennen konnte und diese hätte einkalkulieren müssen.

Denkbar ist auch, dass der Auftraggeber den Nachtrag sowohl dem Grunde als der Höhe nach bestreitet. Etwa wenn er meint, dass die Leistung schon Teil des Hauptauftrags und auch die Nachtragshöhe überhöht sei. Auch hier besteht ein Leistungsverweigerungsrecht des Auftragnehmers, da der Nachtrag auch dem Grunde nach streitig ist.

Konsequenz für den Ausgangsfall

Das bedeutet für den obigen Sachverhalt:

- Teilt der Auftraggeber dem Auftragnehmer mit, dass hinsichtlich des Nachtrags 1 nur die Vergütungshöhe im Streit steht, dann muss der Auftragnehmer diese Leistung zunächst einmal ausführen. Auf die noch nicht zustande gekommene Preisvereinbarung kann er sich nicht berufen.
- Anderes gilt im Hinblick auf den Nachtrag 2: Ist dieser berechtigt und bestreitet ihn der Auftraggeber dennoch schon dem Grunde nach, dann muss der Auftragnehmer diese Nachtragsleistung nicht ausführen.

Was droht dem Auftraggeber?

Der Auftragnehmer muss die Nachtragsleistung 2 nicht erbringen, wenn es sich um einen berechtigten Nachtrag handelt. Entscheidet sich der Auftragnehmer dafür, die Nachtragsleistung zunächst nicht zu erbringen, so wird dies letztlich zum Baustillstand führen, denn die Nachtragsleistung war für die Fortführung der Bauarbeiten notwendig. Dem Auftraggeber bleibt letztendlich gar keine andere Möglichkeit, als sich entweder mit dem Auftragnehmer zu einigen oder eine Ersatzvornahme durchzuführen. Letztere ist aber erst nach der Kündigung möglich.

Kündigung ist riskant

Führt der Auftragnehmer die Nachtragsleistung nicht aus, so wird der Auftraggeber wegen Verzugs mit der Leistung (gemäß § 8 Abs. 3 VOB/B) kündigen wollen. Aber Achtung: Die Kündigung nach § 8 Abs. 3 VOB/B setzt voraus, dass sich der Auftragnehmer **tatsächlich im Verzug** mit seiner Leistung befand. War allerdings der gestellte Nachtrag berechtigt, dann ist der Verzug nicht gegeben. Wie bereits weiter oben dargelegt, war die Fortsetzung der Bauarbeiten auf der Baustelle ohne die Ausführung der Nachtragsleistung nicht möglich. Der entsprechende Nachtrag wurde vom Auftraggeber schon dem Grunde nach bestritten. War der Nachtrag aber tatsächlich berechtigt, dann war der Auftragnehmer überhaupt nicht dazu verpflichtet, die entsprechende Nachtragsleistung zu erbringen. Es liegt kein Verzug vor.

Das hätte für den Auftraggeber eine schmerzliche Folge: Die von ihm vermeintlich nach § 8 Abs. 3 VOB/B ausgesprochene Kündigung wäre tatsächlich eine „unberechtigte" Kündigung, d.h. eine freie Kündigung i.S.d. § 8 Abs. 1 VOB/B. Die Kündigungsfolgen sind dann gänzlich anders, als dies bei einer Kündigung nach § 8 Abs. 3 VOB/B der Fall ist.

Rechtsfolge der freien Kündigung: volle Vergütung

Bei einer freien Kündigung kann der Auftragnehmer die volle vereinbarte Vergütung in Rechnung stellen. Er muss sich allein das anrechnen lassen, was er infolge der Vertragskündigung erspart hat (§ 8 Abs. 1 Nr. 2 VOB/B i.V.m. § 649 BGB).

Der Auftragnehmer kann dann seine Vergütung grundsätzlich auch für diejenigen Leistungen fordern, die er wegen der Kündigung überhaupt nicht mehr ausgeführt hat. Natürlich muss er sich ersparte Aufwendungen und Füllaufträge anrechnen lassen. Nach der Regelung in § 649 BGB ist der Auftragnehmer berechtigt, hinsichtlich des tatsächlich nicht ausgeführten Leistungsteils pauschal 5 % seiner Vergütung geltend zu machen. Das bedeutet: Haben die kündigungsbedingt nicht mehr ausgeführten Leistungen einen Wert in Höhe von 50.000 €, so kann der Auftragnehmer hierfür (ohne jeden weiteren Nachweis) zumindest eine pauschale Kündigungsvergütung in Höhe von 2.500 € geltend machen.

Der Auftragnehmer kann allerdings auch einen anderen Weg wählen: Er kann die ihm zustehende Vergütung konkret anhand seiner Ursprungskalkulation darlegen. Dazu muss der Auftragnehmer die Kalkulation offenlegen und sich dort dann sämtliche Vergütungsanteile abziehen lassen, die er infolge der Kündigung erspart hat. Dabei wird es sich vornehmlich um Materialkosten handeln. Auch die Baustelleneinrichtungskosten können ganz oder teilweise entfallen sein. Was die Lohnkosten betrifft, so hat der Auftragnehmer diese regelmäßig nicht erspart, da er seine Mitarbeiter auch nach der Kündigung weiterbezahlen muss. Hier kommen allerdings Füllaufträge in Betracht, wenn der Auftragnehmer wegen der Kündigung neue Aufträge annehmen oder schon erteilte Aufträge vorziehen konnte. Beachte aber: Verteilt der Auftragnehmer nach der Kündigung seine Mitarbeiter nur auf anderen (schon parallel laufenden) Baustellen, so handelt es sich dabei nicht um Füllaufträge

Allgemeine Geschäftskosten und Wagnis und Gewinn muss sich der Auftragnehmer dagegen nicht abziehen lassen.

Die konkrete Berechnung unter Offenlegung der Urkalkulation führt nicht selten dazu, dass der Auftragnehmer für die nicht ausgeführten Leistungen noch 20 bis 35 % der vereinbarten Vergütung in Rechnung stellen kann. Haben die tatsächlich nicht ausgeführten Leistungen einen Wert in Höhe von 50.000 €, so wären dies etwa 10.000 bis 17.500 €.

Fazit

Das bedeutet: Bestreitet der Auftraggeber einen Nachtrag schon dem Grunde nach, dann kann sich dies letztendlich als Bumerang erweisen, wenn der Nachtrag tatsächlich berechtigt war. Der Auftraggeber muss dann tatsächlich nicht ausgeführte Leistungen jedenfalls teilweise bezahlen.

Wie kann der Auftraggeber auf dieses Problem reagieren?

Nachtrag vergüten?

Der Auftraggeber könnte in Erwägung ziehen, den von ihm bestrittenen Nachtrag 2 doch dem Grunde nach unstreitig zu stellen. In diesem Fall wäre der Auftragnehmer verpflichtet, die Nachtragsleistung zu erbringen, denn der Streit würde sich allenfalls noch auf die Höhe beziehen. Das würde allerdings dazu führen, dass der Auftraggeber die Nachtragsleistung bezahlen muss. Es wird ihm nachträglich nicht möglich sein, sich von dem im Grunde unstreitig gestellten Nachtrag wieder vollständig zu trennen. Die Rechtsprechung kennt zwar Fälle, in denen sich ein Auftraggeber nachträglich wieder von einem eigentlich unberechtigten Nachtrag lösen kann. Dieses Recht wird dem Auftraggeber aber verwehrt, wenn der Auftraggeber sich bei der Beauftragung der Nachtragsleistung der fehlenden Berechtigung des Nachtrags bewusst war. Stellt der Auftraggeber also einen aus seiner Sicht eigentlich unberechtigten Nachtrag schon dem Grunde nach unstreitig, dann wird er diesen zu vergüten haben. Die Vergütungshöhe ergibt sich dann aus der Ursprungskalkulation (§ 2 Abs. 5 und § 2 Abs. 6 Nr. 2 VOB/B).

Leistungsanordnung?

Alternativ könnte der Auftraggeber versuchen, den Nachtrag nicht dem Grunde nach unstreitig zu stellen, den Auftragnehmer aber zur Ausführung der Leistung aufzufordern. In der Praxis wird dies immer wieder versucht, insbesondere Generalunternehmer verschicken häufig Schreiben, in denen die Ausführung einer Leistung „angeordnet" wird. Indes hilft eine solche Anordnung dem Auftraggeber tatsächlich nicht weiter. Solange nämlich die grundsätzliche Berechtigung des Nachtrags im Streit steht, ändert die Anordnung der Leistung an dem Zurückbehaltungsrecht des Auftragnehmers nichts. Auch bei einer Leistungsanordnung kann der Auftragnehmer die Ausführung einer Nachtragsleistung verweigern, wenn der entsprechende (berechtigte) Nachtrag schon dem Grunde nach bestritten wird. Daran ändert die Anordnung einer Leistung nichts.

Einigung?

Es verbleibt natürlich die Möglichkeit, sich mit dem Auftragnehmer zu einigen. So könnten die Parteien übereinkommen, dass der Auftragnehmer die Nachtragsleistung zunächst ausführen soll und der

Streit über die Berechtigung des Nachtrags bis zu einem Zeitpunkt nach Fertigstellung vertagt wird. Zu einem solchen Entgegenkommen wird der Auftragnehmer regelmäßig aber nur dann bereit sein, wenn ihm bis zur endgültigen Klärung zumindest eine Teilvergütung gezahlt (oder eine Sicherheit gestellt) wird. Ansonsten würde der Auftragnehmer ja wiederum Gefahr laufen, dass er sich seine Vergütung letztlich doch vor Gericht erstreiten muss. Das ist ihm (wie bereits oben ausgeführt) nach ständiger Rechtsprechung bei einem berechtigten Nachtrag grundsätzlich nicht zumutbar.

Ist der Auftraggeber – im Interesse des Baufortschritts – dazu bereit, eine Teilzahlung zu leisten, so sollte dies unbedingt unter dem Vorbehalt der Rückforderung erfolgen. Sinnvollerweise sollten die Parteien hinsichtlich des Nachtrags und der „Vertagung" des Streits eine gesonderte schriftliche Vereinbarung treffen.

Kündigung?

Ist der Auftraggeber nicht zu einer Einigung mit dem Auftragnehmer bereit, so bleibt letztendlich nur der oben dargestellte Weg der Kündigung. Damit geht der Auftraggeber aus den o.g. Gründen aber erhebliche (rechtliche) Risiken ein. Wir raten davon grundsätzlich ab. Eine Kündigung des Vertrags sollte der Auftraggeber nur dann riskieren, wenn er sich der fehlenden Berechtigung des Nachtrags absolut sicher sein kann. Das wird nur selten der Fall sein.

Wo ist das geregelt?

Das Recht des Auftragnehmers, bei einem grundsätzlichen Streit über einen berechtigten Nachtrag die Leistung nicht auszuführen, wurde von der Rechtsprechung entwickelt (z.B. OLG Brandenburg, Urteil vom 23.04.2009, 12 U 111/04).

Das Recht, den Vertrag wegen Leistungsverzugs des Auftragnehmers zu kündigen, ergibt sich aus § 8 Abs. 3 i.V.m. § 5 Abs. 3 oder Abs. 4 VOB/B. Die Rechtsfolgen einer freien Kündigung ergeben sich aus § 8 Abs. 1 Nr. 2 i.V.m. § 649 BGB.

6/3 Ablaufdiagramme

Steht dem AN ein Nachtrag wegen einer Anordnung des AG zu?

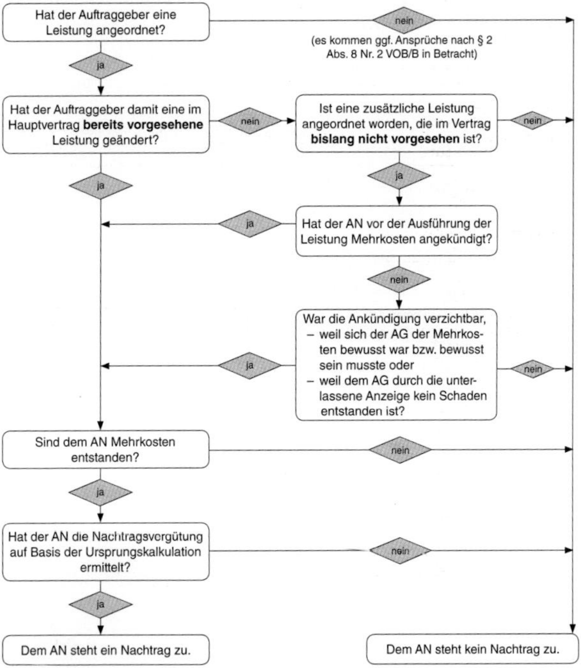

Wie wird die Nachtragsvergütung berechnet?

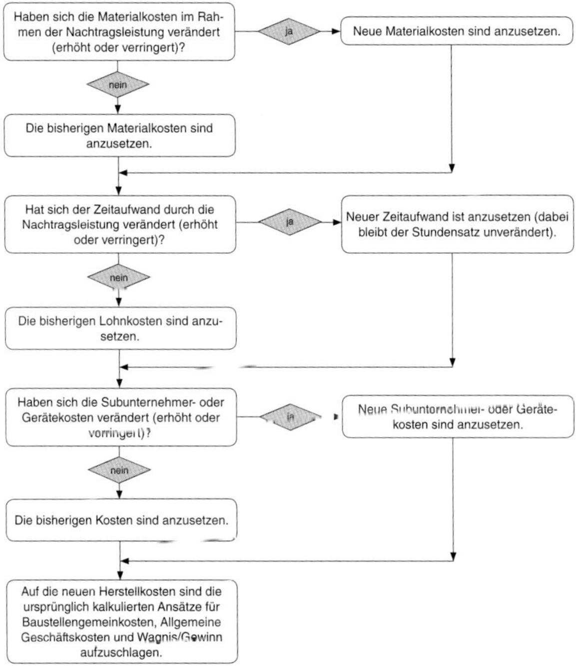

Wann wird ein neuer Einheitspreis gebildet?

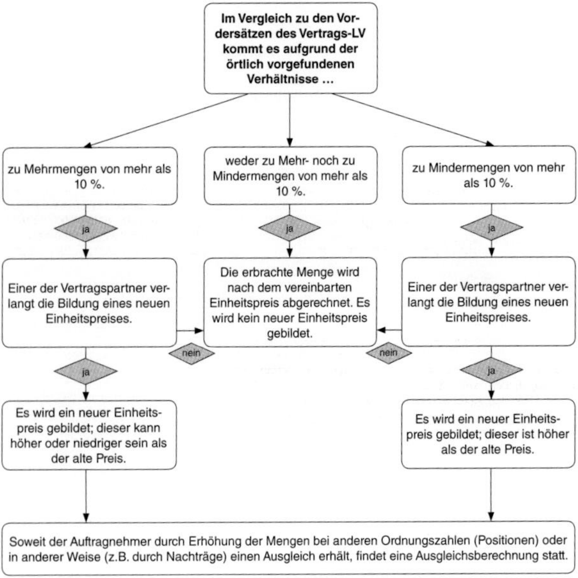

Streit über Nachtrag

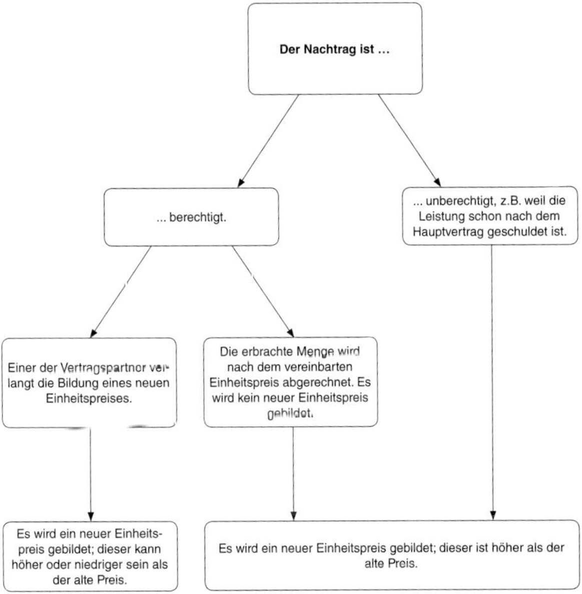

7 VOB-Text

7/1 Vergabe- und Vertragsordnung für Bauleistungen (VOB) Teil B: Allgemeine Vertragsbedingungen für die Ausführung von Bauleistungen[1]

vom 31. Juli 2009 (BAnz. Nr. 155a vom 15.10.2009; BAnz. Nr. 36 vom 05.03.2010 S. 940)

Bisherige Änderungen:

- zuletzt geändert am 7. Januar 2016 durch Bekanntmachung der Vergabe- und Vertragsordnung für Bauleistungen Teil A (VOB/A) / Teil B (VOB/B) – Ausgabe 2016 – (BAnz AT 19.01.2016 B3)
- zuletzt geändert am 26. Juni 2012 durch die Änderung der Vergabe- und Vertragsordnung für Bauleistungen Teil B (VOB/B) – Ausgabe 2012 – (BAnz AT 13.07.2012 B3)

§ 1
Art und Umfang der Leistung

(1) Die auszuführende Leistung wird nach Art und Umfang durch den Vertrag bestimmt. Als Bestandteil des Vertrags gel-

1 Diese Allgemeinen Geschäftsbedingungen werden durch den DVA ausschließlich zur Anwendung gegenüber Unternehmen, juristischen Personen des öffentlichen Rechts und öffentlich-rechtlichen Sondervermögens empfohlen (§ 310 BGB).

ten auch die Allgemeinen Technischen Vertragsbedingungen für Bauleistungen (VOB/C).

(2) Bei Widersprüchen im Vertrag gelten nacheinander:
1. die Leistungsbeschreibung,
2. die Besonderen Vertragsbedingungen,
3. etwaige Zusätzliche Vertragsbedingungen,
4. etwaige Zusätzliche Technische Vertragsbedingungen,
5. die Allgemeinen Technischen Vertragsbedingungen für Bauleistungen,
6. die Allgemeinen Vertragsbedingungen für die Ausführung von Bauleistungen.

(3) Änderungen des Bauentwurfs anzuordnen, bleibt dem Auftraggeber vorbehalten.

(4) Nicht vereinbarte Leistungen, die zur Ausführung der vertraglichen Leistung erforderlich werden, hat der Auftragnehmer auf Verlangen des Auftraggebers mit auszuführen, außer wenn sein Betrieb auf derartige Leistungen nicht eingerichtet ist. Andere Leistungen können dem Auftragnehmer nur mit seiner Zustimmung übertragen werden.

§ 2
Vergütung

(1) Durch die vereinbarten Preise werden alle Leistungen abgegolten, die nach der Leistungsbeschreibung, den Besonderen Vertragsbedingungen, den Zusätzlichen Vertragsbedingungen, den Zusätzlichen Technischen Vertragsbedingungen, den Allgemeinen Technischen Vertragsbedingungen

für Bauleistungen und der gewerblichen Verkehrssitte zur vertraglichen Leistung gehören.

(2) Die Vergütung wird nach den vertraglichen Einheitspreisen und den tatsächlich ausgeführten Leistungen berechnet, wenn keine andere Berechnungsart (z.B. durch Pauschalsumme, nach Stundenlohnsätzen, nach Selbstkosten) vereinbart ist.

(3)

1. Weicht die ausgeführte Menge der unter einem Einheitspreis erfassten Leistung oder Teilleistung um nicht mehr als 10 v.H. von dem im Vertrag vorgesehenen Umfang ab, so gilt der vertragliche Einheitspreis.
2. Für die über 10 v.H. hinausgehende Überschreitung des Mengenansatzes ist auf Verlangen ein neuer Preis unter Berücksichtigung der Mehr- oder Minderkosten zu vereinbaren.
3. Bei einer über 10 v.H. hinausgehenden Unterschreitung des Mengenansatzes ist auf Verlangen der Einheitspreis für die tatsächlich ausgeführte Menge der Leistung oder Teilleistung zu erhöhen, soweit der Auftragnehmer nicht durch Erhöhung der Mengen bei anderen Ordnungszahlen (Positionen) oder in anderer Weise einen Ausgleich erhält. Die Erhöhung des Einheitspreises soll im Wesentlichen dem Mehrbetrag entsprechen, der sich durch Verteilung der Baustelleneinrichtungs- und Baustellengemeinkosten und der Allgemeinen Geschäftskosten auf die verringerte Menge ergibt. Die Umsatzsteuer wird entsprechend dem neuen Preis vergütet.

4. Sind von der unter einem Einheitspreis erfassten Leistung oder Teilleistung andere Leistungen abhängig, für die eine Pauschalsumme vereinbart ist, so kann mit der Änderung des Einheitspreises auch eine angemessene Änderung der Pauschalsumme gefordert werden.

(4) Werden im Vertrag ausbedungene Leistungen des Auftragnehmers vom Auftraggeber selbst übernommen (z.B. Lieferung von Bau-, Bauhilfs- und Betriebsstoffen), so gilt, wenn nichts anderes vereinbart wird, § 8 Absatz 1 Nummer 2 entsprechend.

(5) Werden durch Änderung des Bauentwurfs oder andere Anordnungen des Auftraggebers die Grundlagen des Preises für eine im Vertrag vorgesehene Leistung geändert, so ist ein neuer Preis unter Berücksichtigung der Mehr- oder Minderkosten zu vereinbaren. Die Vereinbarung soll vor der Ausführung getroffen werden.

(6)

1. Wird eine im Vertrag nicht vorgesehene Leistung gefordert, so hat der Auftragnehmer Anspruch auf besondere Vergütung. Er muss jedoch den Anspruch dem Auftraggeber ankündigen, bevor er mit der Ausführung der Leistung beginnt.
2. Die Vergütung bestimmt sich nach den Grundlagen der Preisermittlung für die vertragliche Leistung und den besonderen Kosten der geforderten Leistung. Sie ist möglichst vor Beginn der Ausführung zu vereinbaren.

(7)

1. Ist als Vergütung der Leistung eine Pauschalsumme vereinbart, so bleibt die Vergütung unverändert. Weicht jedoch die ausgeführte Leistung von der vertraglich vorgesehenen Leistung so erheblich ab, dass ein Festhalten an der Pauschalsumme nicht zumutbar ist (§ 313 BGB), so ist auf Verlangen ein Ausgleich unter Berücksichtigung der Mehr- oder Minderkosten zu gewähren. Für die Bemessung des Ausgleichs ist von den Grundlagen der Preisermittlung auszugehen.
2. Die Regelungen der Absätze 4, 5 und 6 gelten auch bei Vereinbarung einer Pauschalsumme.
3. Wenn nichts anderes vereinbart ist, gelten die Nummern 1 und 2 auch für Pauschalsummen, die für Teile der Leistung vereinbart sind; Absatz 3 Nummer 4 bleibt unberührt.

(8)

1. Leistungen, die der Auftragnehmer ohne Auftrag oder unter eigenmächtiger Abweichung vom Auftrag ausführt, werden nicht vergütet. Der Auftragnehmer hat sie auf Verlangen innerhalb einer angemessenen Frist zu beseitigen; sonst kann es auf seine Kosten geschehen. Er haftet außerdem für andere Schäden, die dem Auftraggeber hieraus entstehen.
2. Eine Vergütung steht dem Auftragnehmer jedoch zu, wenn der Auftraggeber solche Leistungen nachträglich anerkennt. Eine Vergütung steht ihm auch zu, wenn die Leistungen für die Erfüllung des Vertrags notwendig waren, dem mutmaßlichen Willen des Auftraggebers entsprachen und ihm unverzüglich angezeigt wurden. Soweit

dem Auftragnehmer eine Vergütung zusteht, gelten die Berechnungsgrundlagen für geänderte oder zusätzliche Leistungen der Absätze 5 oder 6 entsprechend.
3. Die Vorschriften des BGB über die Geschäftsführung ohne Auftrag (§§ 677 ff. BGB) bleiben unberührt.

(9)
1. Verlangt der Auftraggeber Zeichnungen, Berechnungen oder andere Unterlagen, die der Auftragnehmer nach dem Vertrag, besonders den Technischen Vertragsbedingungen oder der gewerblichen Verkehrssitte, nicht zu beschaffen hat, so hat er sie zu vergüten.
2. Lässt er vom Auftragnehmer nicht aufgestellte technische Berechnungen durch den Auftragnehmer nachprüfen, so hat er die Kosten zu tragen.

(10) Stundenlohnarbeiten werden nur vergütet, wenn sie als solche vor ihrem Beginn ausdrücklich vereinbart worden sind (§ 15).

§ 3
Ausführungsunterlagen
(1) Die für die Ausführung nötigen Unterlagen sind dem Auftragnehmer unentgeltlich und rechtzeitig zu übergeben.

(2) Das Abstecken der Hauptachsen der baulichen Anlagen, ebenso der Grenzen des Geländes, das dem Auftragnehmer zur Verfügung gestellt wird, und das Schaffen der notwendigen Höhenfestpunkte in unmittelbarer Nähe der baulichen Anlagen sind Sache des Auftraggebers.

(3) Die vom Auftraggeber zur Verfügung gestellten Geländeaufnahmen und Absteckungen und die übrigen für die Ausführung übergebenen Unterlagen sind für den Auftragnehmer maßgebend. Jedoch hat er sie, soweit es zur ordnungsgemäßen Vertragserfüllung gehört, auf etwaige Unstimmigkeiten zu überprüfen und den Auftraggeber auf entdeckte oder vermutete Mängel hinzuweisen.

(4) Vor Beginn der Arbeiten ist, soweit notwendig, der Zustand der Straßen und Geländeoberfläche, der Vorfluter und Vorflutleitungen, ferner der baulichen Anlagen im Baubereich in einer Niederschrift festzuhalten, die vom Auftraggeber und Auftragnehmer anzuerkennen ist.

(5) Zeichnungen, Berechnungen, Nachprüfungen von Berechnungen oder andere Unterlagen, die der Auftragnehmer nach dem Vertrag, besonders den Technischen Vertragsbedingungen, oder der gewerblichen Verkehrssitte oder auf besonderes Verlangen des Auftraggebers (§ 2 Absatz 9) zu beschaffen hat, sind dem Auftraggeber nach Aufforderung rechtzeitig vorzulegen.

(6)

1. Die in Absatz 5 genannten Unterlagen dürfen ohne Genehmigung ihres Urhebers nicht veröffentlicht, vervielfältigt, geändert oder für einen anderen als den vereinbarten Zweck benutzt werden.
2. An DV-Programmen hat der Auftraggeber das Recht zur Nutzung mit den vereinbarten Leistungsmerkmalen in unveränderter Form auf den festgelegten Geräten. Der

Auftraggeber darf zum Zwecke der Datensicherung zwei Kopien herstellen. Diese müssen alle Identifikationsmerkmale enthalten. Der Verbleib der Kopien ist auf Verlangen nachzuweisen.

3. Der Auftragnehmer bleibt unbeschadet des Nutzungsrechts des Auftraggebers zur Nutzung der Unterlagen und der DV-Programme berechtigt.

§ 4
Ausführung

(1)

1. Der Auftraggeber hat für die Aufrechterhaltung der allgemeinen Ordnung auf der Baustelle zu sorgen und das Zusammenwirken der verschiedenen Unternehmer zu regeln. Er hat die erforderlichen öffentlich-rechtlichen Genehmigungen und Erlaubnisse – z.B. nach dem Baurecht, dem Straßenverkehrsrecht, dem Wasserrecht, dem Gewerberecht – herbeizuführen.
2. Der Auftraggeber hat das Recht, die vertragsgemäße Ausführung der Leistung zu überwachen. Hierzu hat er Zutritt zu den Arbeitsplätzen, Werkstätten und Lagerräumen, wo die vertragliche Leistung oder Teile von ihr hergestellt oder die hierfür bestimmten Stoffe und Bauteile gelagert werden. Auf Verlangen sind ihm die Werkzeichnungen oder andere Ausführungsunterlagen sowie die Ergebnisse von Güteprüfungen zur Einsicht vorzulegen und die erforderlichen Auskünfte zu erteilen, wenn hierdurch keine Geschäftsgeheimnisse preisgegeben werden. Als Ge-

schäftsgeheimnis bezeichnete Auskünfte und Unterlagen hat er vertraulich zu behandeln.

3. Der Auftraggeber ist befugt, unter Wahrung der dem Auftragnehmer zustehenden Leitung (Absatz 2) Anordnungen zu treffen, die zur vertragsgemäßen Ausführung der Leistung notwendig sind. Die Anordnungen sind grundsätzlich nur dem Auftragnehmer oder seinem für die Leitung der Ausführung bestellten Vertreter zu erteilen, außer wenn Gefahr im Verzug ist. Dem Auftraggeber ist mitzuteilen, wer jeweils als Vertreter des Auftragnehmers für die Leitung der Ausführung bestellt ist.
4. Hält der Auftragnehmer die Anordnungen des Auftraggebers für unberechtigt oder unzweckmäßig, so hat er seine Bedenken geltend zu machen, die Anordnungen jedoch auf Verlangen auszuführen, wenn nicht gesetzliche oder behördliche Bestimmungen entgegenstehen. Wenn dadurch eine ungerechtfertigte Erschwerung verursacht wird, hat der Auftraggeber die Mehrkosten zu tragen.

(2)

1. Der Auftragnehmer hat die Leistung unter eigener Verantwortung nach dem Vertrag auszuführen. Dabei hat er die anerkannten Regeln der Technik und die gesetzlichen und behördlichen Bestimmungen zu beachten. Es ist seine Sache, die Ausführung seiner vertraglichen Leistung zu leiten und für Ordnung auf seiner Arbeitsstelle zu sorgen.
2. Er ist für die Erfüllung der gesetzlichen, behördlichen und berufsgenossenschaftlichen Verpflichtungen gegenüber seinen Arbeitnehmern allein verantwortlich. Es ist

ausschließlich seine Aufgabe, die Vereinbarungen und Maßnahmen zu treffen, die sein Verhältnis zu den Arbeitnehmern regeln.

(3) Hat der Auftragnehmer Bedenken gegen die vorgesehene Art der Ausführung (auch wegen der Sicherung gegen Unfallgefahren), gegen die Güte der vom Auftraggeber gelieferten Stoffe oder Bauteile oder gegen die Leistungen anderer Unternehmer, so hat er sie dem Auftraggeber unverzüglich – möglichst schon vor Beginn der Arbeiten – schriftlich mitzuteilen; der Auftraggeber bleibt jedoch für seine Angaben, Anordnungen oder Lieferungen verantwortlich.

(4) Der Auftraggeber hat, wenn nichts anderes vereinbart ist, dem Auftragnehmer unentgeltlich zur Benutzung oder Mitbenutzung zu überlassen:
1. die notwendigen Lager- und Arbeitsplätze auf der Baustelle,
2. vorhandene Zufahrtswege und Anschlussgleise,
3. vorhandene Anschlüsse für Wasser und Energie. Die Kosten für den Verbrauch und den Messer oder Zähler trägt der Auftragnehmer, mehrere Auftragnehmer tragen sie anteilig.

(5) Der Auftragnehmer hat die von ihm ausgeführten Leistungen und die ihm für die Ausführung übergebenen Gegenstände bis zur Abnahme vor Beschädigung und Diebstahl zu schützen. Auf Verlangen des Auftraggebers hat er sie vor Winterschäden und Grundwasser zu schützen, ferner Schnee und Eis zu beseitigen.

Obliegt ihm die Verpflichtung nach Satz 2 nicht schon nach dem Vertrag, so regelt sich die Vergütung nach § 2 Absatz 6.

(6) Stoffe oder Bauteile, die dem Vertrag oder den Proben nicht entsprechen, sind auf Anordnung des Auftraggebers innerhalb einer von ihm bestimmten Frist von der Baustelle zu entfernen. Geschieht es nicht, so können sie auf Kosten des Auftragnehmers entfernt oder für seine Rechnung veräußert werden.

(7) Leistungen, die schon während der Ausführung als mangelhaft oder vertragswidrig erkannt werden, hat der Auftragnehmer auf eigene Kosten durch mangelfreie zu ersetzen. Hat der Auftragnehmer den Mangel oder die Vertragswidrigkeit zu vertreten, so hat er auch den daraus entstehenden Schaden zu ersetzen. Kommt der Auftragnehmer der Pflicht zur Beseitigung des Mangels nicht nach, so kann ihm der Auftraggeber eine angemessene Frist zur Beseitigung des Mangels setzen und erklären, dass er nach fruchtlosem Ablauf der Frist den Vertrag kündigen werde (§ 8 Absatz 3).

(8)

1. Der Auftragnehmer hat die Leistung im eigenen Betrieb auszuführen. Mit schriftlicher Zustimmung des Auftraggebers darf er sie an Nachunternehmer übertragen. Die Zustimmung ist nicht notwendig bei Leistungen, auf die der Betrieb des Auftragnehmers nicht eingerichtet ist. Erbringt der Auftragnehmer ohne schriftliche Zu-

stimmung des Auftraggebers Leistungen nicht im eigenen Betrieb, obwohl sein Betrieb darauf eingerichtet ist, kann der Auftraggeber ihm eine angemessene Frist zur Aufnahme der Leistung im eigenen Betrieb setzen und erklären, dass er nach fruchtlosem Ablauf der Frist den Vertrag kündigen werde (§ 8 Abs. 3).

2. Der Auftragnehmer hat bei der Weitervergabe von Bauleistungen an Nachunternehmer die Vergabe- und Vertragsordnung für Bauleistungen Teile B und C zugrunde zu legen.
3. Der Auftragnehmer hat dem Auftraggeber die Nachunternehmer und deren Nachunternehmer ohne Aufforderung spätestens bis zum Leistungsbeginn des Nachunternehmers mit Namen, gesetzlichen Vertretern und Kontaktdaten bekannt zu geben. Auf Verlangen des Auftraggebers hat der Auftragnehmer für seine Nachunternehmer Erklärungen und Nachweise zur Eignung vorzulegen.

(9) Werden bei Ausführung der Leistung auf einem Grundstück Gegenstände von Altertums, Kunst- oder wissenschaftlichem Wert entdeckt, so hat der Auftragnehmer vor jedem weiteren Aufdecken oder Ändern dem Auftraggeber den Fund anzuzeigen und ihm die Gegenstände nach näherer Weisung abzuliefern. Die Vergütung etwaiger Mehrkosten regelt sich nach § 2 Absatz 6. Die Rechte des Entdeckers (§ 984 BGB) hat der Auftraggeber.

(10) Der Zustand von Teilen der Leistung ist auf Verlangen gemeinsam von Auftraggeber und Auftragnehmer festzustel-

len, wenn diese Teile der Leistung durch die weitere Ausführung der Prüfung und Feststellung entzogen werden. Das Ergebnis ist schriftlich niederzulegen.

§ 5
Ausführungsfristen

(1) Die Ausführung ist nach den verbindlichen Fristen (Vertragsfristen) zu beginnen, angemessen zu fördern und zu vollenden. In einem Bauzeitenplan enthaltene Einzelfristen gelten nur dann als Vertragsfristen, wenn dies im Vertrag ausdrücklich vereinbart ist.

(2) Ist für den Beginn der Ausführung keine Frist vereinbart, so hat der Auftraggeber dem Auftragnehmer auf Verlangen Auskunft über den voraussichtlichen Beginn zu erteilen. Der Auftragnehmer hat innerhalb von 12 Werktagen nach Aufforderung zu beginnen. Der Beginn der Ausführung ist dem Auftraggeber anzuzeigen.

(3) Wenn Arbeitskräfte, Geräte, Gerüste, Stoffe oder Bauteile so unzureichend sind, dass die Ausführungsfristen offenbar nicht eingehalten werden können, muss der Auftragnehmer auf Verlangen unverzüglich Abhilfe schaffen.

(4) Verzögert der Auftragnehmer den Beginn der Ausführung, gerät er mit der Vollendung in Verzug, oder kommt er der in Absatz 3 erwähnten Verpflichtung nicht nach, so kann der Auftraggeber bei Aufrechterhaltung des Vertrages Schadensersatz nach § 6 Absatz 6 verlangen oder dem Auftragnehmer eine angemessene Frist zur Vertragserfüllung setzen

und erklären, dass er nach fruchtlosem Ablauf der Frist den Vertrag kündigen werde (§ 8 Absatz 3).

§ 6
Behinderung und Unterbrechung der Ausführung

(1) Glaubt sich der Auftragnehmer in der ordnungsgemäßen Ausführung der Leistung behindert, so hat er es dem Auftraggeber unverzüglich schriftlich anzuzeigen. Unterlässt er die Anzeige, so hat er nur dann Anspruch auf Berücksichtigung der hindernden Umstände, wenn dem Auftraggeber offenkundig die Tatsache und deren hindernde Wirkung bekannt waren.

(2)

1. Ausführungsfristen werden verlängert, soweit die Behinderung verursacht ist:
   a) durch einen Umstand aus dem Risikobereich des Auftraggebers,
   b) durch Streik oder eine von der Berufsvertretung der Arbeitgeber angeordnete Aussperrung im Betrieb des Auftragnehmers oder in einem unmittelbar für ihn arbeitenden Betrieb,
   c) durch höhere Gewalt oder andere für den Auftragnehmer unabwendbare Umstände.
2. Witterungseinflüsse während der Ausführungszeit, mit denen bei Abgabe des Angebots normalerweise gerechnet werden musste, gelten nicht als Behinderung.

(3) Der Auftragnehmer hat alles zu tun, was ihm billigerweise zugemutet werden kann, um die Weiterführung der Arbeiten

zu ermöglichen. Sobald die hindernden Umstände wegfallen, hat er ohne weiteres und unverzüglich die Arbeiten wieder aufzunehmen und den Auftraggeber davon zu benachrichtigen.

(4) Die Fristverlängerung wird berechnet nach der Dauer der Behinderung mit einem Zuschlag für die Wiederaufnahme der Arbeiten und die etwaige Verschiebung in eine ungünstigere Jahreszeit.

(5) Wird die Ausführung für voraussichtlich längere Dauer unterbrochen, ohne dass die Leistung dauernd unmöglich wird, so sind die ausgeführten Leistungen nach den Vertragspreisen abzurechnen und außerdem die Kosten zu vergüten, die dem Auftragnehmer bereits entstanden und in den Vertragspreisen des nicht ausgeführten Teils der Leistung enthalten sind.

(6) Sind die hindernden Umstände von einem Vertragsteil zu vertreten, so hat der andere Teil Anspruch auf Ersatz des nachweislich entstandenen Schadens, des entgangenen Gewinns aber nur bei Vorsatz oder grober Fahrlässigkeit. Im Übrigen bleibt der Anspruch des Auftragnehmers auf angemessene Entschädigung nach § 642 BGB unberührt, sofern die Anzeige nach Absatz 1 Satz 1 erfolgt oder wenn Offenkundigkeit nach Absatz 1 Satz 2 gegeben ist.

(7) Dauert eine Unterbrechung länger als 3 Monate, so kann jeder Teil nach Ablauf dieser Zeit den Vertrag schriftlich kündigen. Die Abrechnung regelt sich nach den Absätzen 5 und 6; wenn der Auftragnehmer die Unterbrechung nicht zu

vertreten hat, sind auch die Kosten der Baustellenräumung zu vergüten, soweit sie nicht in der Vergütung für die bereits ausgeführten Leistungen enthalten sind.

§ 7
Verteilung der Gefahr

(1) Wird die ganz oder teilweise ausgeführte Leistung vor der Abnahme durch höhere Gewalt, Krieg, Aufruhr oder andere objektiv unabwendbare vom Auftragnehmer nicht zu vertretende Umstände beschädigt oder zerstört, so hat dieser für die ausgeführten Teile der Leistung die Ansprüche nach § 6 Absatz 5; für andere Schäden besteht keine gegenseitige Ersatzpflicht.

(2) Zu der ganz oder teilweise ausgeführten Leistung gehören alle mit der baulichen Anlage unmittelbar verbundenen, in ihre Substanz eingegangenen Leistungen, unabhängig von deren Fertigstellungsgrad.

(3) Zu der ganz oder teilweise ausgeführten Leistung gehören nicht die noch nicht eingebauten Stoffe und Bauteile sowie die Baustelleneinrichtung und Absteckungen. Zu der ganz oder teilweise ausgeführten Leistung gehören ebenfalls nicht Hilfskonstruktionen und Gerüste, auch wenn diese als Besondere Leistung oder selbständig vergeben sind.

§ 8
Kündigung durch den Auftraggeber

(1)

1. Der Auftraggeber kann bis zur Vollendung der Leistung jederzeit den Vertrag kündigen.

2. Dem Auftragnehmer steht die vereinbarte Vergütung zu. Er muss sich jedoch anrechnen lassen, was er infolge der Aufhebung des Vertrags an Kosten erspart oder durch anderweitige Verwendung seiner Arbeitskraft und seines Betriebs erwirbt oder zu erwerben böswillig unterlässt (§ 649 BGB).

(2)

1. Der Auftraggeber kann den Vertrag kündigen, wenn der Auftragnehmer seine Zahlungen einstellt, von ihm oder zulässigerweise vom Auftraggeber oder einem anderen Gläubiger das Insolvenzverfahren (§§ 14 und 15 InsO) beziehungsweise ein vergleichbares gesetzliches Verfahren beantragt ist, ein solches Verfahren eröffnet wird oder dessen Eröffnung mangels Masse abgelehnt wird.
2. Die ausgeführten Leistungen sind nach § 6 Absatz 5 abzurechnen. Der Auftraggeber kann Schadensersatz wegen Nichterfüllung des Restes verlangen.

(3)

1. Der Auftraggeber kann den Vertrag kündigen, wenn in den Fällen des § 4 Absatz 7 und 8 Nr. 1 und des § 5 Absatz 4 die gesetzte Frist fruchtlos abgelaufen ist. Die Kündigung des Auftrags kann auf einen in sich abgeschlossenen Teil der vertraglichen Leistung beschränkt werden.
2. Nach der Kündigung des Auftrags ist der Auftraggeber berechtigt, den noch nicht vollendeten Teil der Leistung zu Lasten des Auftragnehmers durch einen Dritten ausführen zu lassen, doch bleiben seine Ansprüche auf Ersatz des etwa entstehenden weiteren Schadens bestehen. Er ist

auch berechtigt, auf die weitere Ausführung zu verzichten und Schadensersatz wegen Nichterfüllung zu verlangen, wenn die Ausführung aus den Gründen, die zur Kündigung des Auftrags geführt haben, für ihn kein Interesse mehr hat.

3. Für die Weiterführung der Arbeiten kann der Auftraggeber Geräte, Gerüste, auf der Baustelle vorhandene andere Einrichtungen und angelieferte Stoffe und Bauteile gegen angemessene Vergütung in Anspruch nehmen.
4. Der Auftraggeber hat dem Auftragnehmer eine Aufstellung über die entstandenen Mehrkosten und über seine anderen Ansprüche spätestens binnen 12 Werktagen nach Abrechnung mit dem Dritten zuzusenden.

(4) Der Auftraggeber kann den Vertrag kündigen,

1. wenn der Auftragnehmer aus Anlass der Vergabe eine Abrede getroffen hatte, die eine unzulässige Wettbewerbsbeschränkung darstellt. Absatz 3 Nummer 1 Satz 2 und Nummer 2 bis 4 gilt entsprechend.
2. sofern dieser im Anwendungsbereich des 4. Teils des GWB geschlossen wurde,
   a) wenn der Auftragnehmer wegen eines zwingenden Ausschlussgrundes zum Zeitpunkt des Zuschlags nicht hätte beauftragt werden dürfen. Absatz 3 Nummer 1 Satz 2 und Nummer 2 bis 4 gilt entsprechend.
   b) bei wesentlicher Änderung des Vertrages oder bei Feststellung einer schweren Verletzung der Verträge über die Europäische Union und die Arbeitsweise der

Europäischen Union durch den Europäischen Gerichtshof. Die ausgeführten Leistungen sind nach § 6 Absatz 5 abzurechnen. Etwaige Schadensersatzansprüche der Parteien bleiben unberührt.

Die Kündigung ist innerhalb von 12 Werktagen nach Bekanntwerden des Kündigungsgrundes auszusprechen.

(5) Sofern der Auftragnehmer die Leistung, ungeachtet des Anwendungsbereichs des 4. Teils des GWB, ganz oder teilweise an Nachunternehmer weitervergeben hat, steht auch ihm das Kündigungsrecht gemäß Absatz 4 Nummer 2 Buchstabe b zu, wenn der ihn als Auftragnehmer verpflichtende Vertrag (Hauptauftrag) gemäß Absatz 4 Nummer 2 Buchstabe b gekündigt wurde. Entsprechendes gilt für jeden Auftraggeber der Nachunternehmerkette, sofern sein jeweiliger Auftraggeber den Vertrag gemäß Satz 1 gekündigt hat.

(6) Die Kündigung ist schriftlich zu erklären.

(7) Der Auftragnehmer kann Aufmaß und Abnahme der von ihm ausgeführten Leistungen alsbald nach der Kündigung verlangen; er hat unverzüglich eine prüfbare Rechnung über die ausgeführten Leistungen vorzulegen.

(8) Eine wegen Verzugs verwirkte, nach Zeit bemessene Vertragsstrafe kann nur für die Zeit bis zum Tag der Kündigung des Vertrags gefordert werden.

§ 9
Kündigung durch den Auftragnehmer

(1) Der Auftragnehmer kann den Vertrag kündigen:

1. wenn der Auftraggeber eine ihm obliegende Handlung unterlässt und dadurch den Auftragnehmer außerstande setzt, die Leistung auszuführen (Annahmeverzug nach §§ 293 ff. BGB),
2. wenn der Auftraggeber eine fällige Zahlung nicht leistet oder sonst in Schuldnerverzug gerät.

(2) Die Kündigung ist schriftlich zu erklären. Sie ist erst zulässig, wenn der Auftragnehmer dem Auftraggeber ohne Erfolg eine angemessene Frist zur Vertragserfüllung gesetzt und erklärt hat, dass er nach fruchtlosem Ablauf der Frist den Vertrag kündigen werde.

(3) Die bisherigen Leistungen sind nach den Vertragspreisen abzurechnen. Außerdem hat der Auftragnehmer Anspruch auf angemessene Entschädigung nach § 642 BGB; etwaige weitergehende Ansprüche des Auftragnehmers bleiben unberührt.

§ 10
Haftung der Vertragsparteien

(1) Die Vertragsparteien haften einander für eigenes Verschulden sowie für das Verschulden ihrer gesetzlichen Vertreter und der Personen, deren sie sich zur Erfüllung ihrer Verbindlichkeiten bedienen (§§ 276, 278 BGB).

(2)

1. Entsteht einem Dritten im Zusammenhang mit der Leistung ein Schaden, für den auf Grund gesetzlicher Haftpflichtbestimmungen beide Vertragsparteien haften, so gelten für den Ausgleich zwischen den Vertragsparteien die allgemeinen gesetzlichen Bestimmungen, soweit im Einzelfall nichts anderes vereinbart ist. Soweit der Schaden des Dritten nur die Folge einer Maßnahme ist, die der Auftraggeber in dieser Form angeordnet hat, trägt er den Schaden allein, wenn ihn der Auftragnehmer auf die mit der angeordneten Ausführung verbundene Gefahr nach § 4 Absatz 3 hingewiesen hat.
2. Der Auftragnehmer trägt den Schaden allein, soweit er ihn durch Versicherung seiner gesetzlichen Haftpflicht gedeckt hat oder durch eine solche zu tarifmäßigen, nicht auf außergewöhnliche Verhältnisse abgestellten Prämien und Prämienzuschlägen bei einem im Inland zum Geschäftsbetrieb zugelassenen Versicherer hätte decken können.

(3) Ist der Auftragnehmer einem Dritten nach den §§ 823 ff. BGB zu Schadensersatz verpflichtet wegen unbefugten Betretens oder Beschädigung angrenzender Grundstücke, wegen Entnahme oder Auflagerung von Boden oder anderen Gegenständen außerhalb der vom Auftraggeber dazu angewiesenen Flächen oder wegen der Folgen eigenmächtiger Versperrung von Wegen oder Wasserläufen, so trägt er im Verhältnis zum Auftraggeber den Schaden allein.

(4) Für die Verletzung gewerblicher Schutzrechte haftet im Verhältnis der Vertragsparteien zueinander der Auftragneh-

mer allein, wenn er selbst das geschützte Verfahren oder die Verwendung geschützter Gegenstände angeboten oder wenn der Auftraggeber die Verwendung vorgeschrieben und auf das Schutzrecht hingewiesen hat.

(5) Ist eine Vertragspartei gegenüber der anderen nach den Absätzen 2, 3 oder 4 von der Ausgleichspflicht befreit, so gilt diese Befreiung auch zugunsten ihrer gesetzlichen Vertreter und Erfüllungsgehilfen, wenn sie nicht vorsätzlich oder grob fahrlässig gehandelt haben.

(6) Soweit eine Vertragspartei von dem Dritten für einen Schaden in Anspruch genommen wird, den nach den Absätzen 2, 3 oder 4 die andere Vertragspartei zu tragen hat, kann sie verlangen, dass ihre Vertragspartei sie von der Verbindlichkeit gegenüber dem Dritten befreit. Sie darf den Anspruch des Dritten nicht anerkennen oder befriedigen, ohne der anderen Vertragspartei vorher Gelegenheit zur Äußerung gegeben zu haben.

§ 11
Vertragsstrafe

(1) Wenn Vertragsstrafen vereinbart sind, gelten die §§ 339 bis 345 BGB.

(2) Ist die Vertragsstrafe für den Fall vereinbart, dass der Auftragnehmer nicht in der vorgesehenen Frist erfüllt, so wird sie fällig, wenn der Auftragnehmer in Verzug gerät.

(3) Ist die Vertragsstrafe nach Tagen bemessen, so zählen nur Werktage; ist sie nach Wochen bemessen, so wird jeder Werktag angefangener Wochen als 1/6 Woche gerechnet.

(4) Hat der Auftraggeber die Leistung abgenommen, so kann er die Strafe nur verlangen, wenn er dies bei der Abnahme vorbehalten hat.

§ 12
Abnahme

(1) Verlangt der Auftragnehmer nach der Fertigstellung – gegebenenfalls auch vor Ablauf der vereinbarten Ausführungsfrist – die Abnahme der Leistung, so hat sie der Auftraggeber binnen 12 Werktagen durchzuführen; eine andere Frist kann vereinbart werden.

(2) Auf Verlangen sind in sich abgeschlossene Teile der Leistung besonders abzunehmen.

(3) Wegen wesentlicher Mängel kann die Abnahme bis zur Beseitigung verweigert werden.

(4)

1. Eine förmliche Abnahme hat stattzufinden, wenn eine Vertragspartei es verlangt. Jede Partei kann auf ihre Kosten einen Sachverständigen zuziehen. Der Befund ist in gemeinsamer Verhandlung schriftlich niederzulegen. In die Niederschrift sind etwaige Vorbehalte wegen bekannter Mängel und wegen Vertragsstrafen aufzunehmen, ebenso

etwaige Einwendungen des Auftragnehmers. Jede Partei erhält eine Ausfertigung.

2. Die förmliche Abnahme kann in Abwesenheit des Auftragnehmers stattfinden, wenn der Termin vereinbart war oder der Auftraggeber mit genügender Frist dazu eingeladen hatte. Das Ergebnis der Abnahme ist dem Auftragnehmer alsbald mitzuteilen.

(5)

1. Wird keine Abnahme verlangt, so gilt die Leistung als abgenommen mit Ablauf von 12 Werktagen nach schriftlicher Mitteilung über die Fertigstellung der Leistung.
2. Wird keine Abnahme verlangt und hat der Auftraggeber die Leistung oder einen Teil der Leistung in Benutzung genommen, so gilt die Abnahme nach Ablauf von 6 Werktagen nach Beginn der Benutzung als erfolgt, wenn nichts anderes vereinbart ist. Die Benutzung von Teilen einer baulichen Anlage zur Weiterführung der Arbeiten gilt nicht als Abnahme.
3. Vorbehalte wegen bekannter Mängel oder wegen Vertragsstrafen hat der Auftraggeber spätestens zu den in den Nummern 1 und 2 bezeichneten Zeitpunkten geltend zu machen.

(6) Mit der Abnahme geht die Gefahr auf den Auftraggeber über, soweit er sie nicht schon nach § 7 trägt.

§ 13
Mängelansprüche

(1) Der Auftragnehmer hat dem Auftraggeber seine Leistung zum Zeitpunkt der Abnahme frei von Sachmängeln zu verschaffen. Die Leistung ist zur Zeit der Abnahme frei von Sachmängeln, wenn sie die vereinbarte Beschaffenheit hat und den anerkannten Regeln der Technik entspricht. Ist die Beschaffenheit nicht vereinbart, so ist die Leistung zur Zeit der Abnahme frei von Sachmängeln,

1. wenn sie sich für die nach dem Vertrag vorausgesetzte, sonst
2. für die gewöhnliche Verwendung eignet und eine Beschaffenheit aufweist, die bei Werken der gleichen Art üblich ist und die der Auftraggeber nach der Art der Leistung erwarten kann.

(2) Bei Leistungen nach Probe gelten die Eigenschaften der Probe als vereinbarte Beschaffenheit, soweit nicht Abweichungen nach der Verkehrssitte als bedeutungslos anzusehen sind. Dies gilt auch für Proben, die erst nach Vertragsabschluss als solche anerkannt sind.

(3) Ist ein Mangel zurückzuführen auf die Leistungsbeschreibung oder auf Anordnungen des Auftraggebers, auf die von diesem gelieferten oder vorgeschriebenen Stoffe oder Bauteile oder die Beschaffenheit der Vorleistung eines anderen Unternehmers, haftet der Auftragnehmer, es sei denn, er hat die ihm nach § 4 Absatz 3 obliegende Mitteilung gemacht.

(4)

1. Ist für Mängelansprüche keine Verjährungsfrist im Vertrag vereinbart, so beträgt sie für Bauwerke 4 Jahre, für andere Werke, deren Erfolg in der Herstellung, Wartung oder Veränderung einer Sache besteht, und für die vom Feuer berührten Teile von Feuerungsanlagen 2 Jahre. Abweichend von Satz 1 beträgt die Verjährungsfrist für feuerberührte und abgasdämmende Teile von industriellen Feuerungsanlagen 1 Jahr.
2. Ist für Teile von maschinellen und elektrotechnischen/elektronischen Anlagen, bei denen die Wartung Einfluss auf Sicherheit und Funktionsfähigkeit hat, nichts anderes vereinbart, beträgt für diese Anlagenteile die Verjährungsfrist für Mängelansprüche abweichend von Nummer 1 zwei Jahre, wenn der Auftraggeber sich dafür entschieden hat, dem Auftragnehmer die Wartung für die Dauer der Verjährungsfrist nicht zu übertragen; dies gilt auch, wenn für weitere Leistungen eine andere Verjährungsfrist vereinbart ist.
3. Die Frist beginnt mit der Abnahme der gesamten Leistung; nur für in sich abgeschlossene Teile der Leistung beginnt sie mit der Teilabnahme (§ 12 Absatz 2).

(5)

1. Der Auftragnehmer ist verpflichtet, alle während der Verjährungsfrist hervortretenden Mängel, die auf vertragswidrige Leistung zurückzuführen sind, auf seine Kosten zu beseitigen, wenn es der Auftraggeber vor Ablauf der Frist schriftlich verlangt. Der Anspruch auf Beseitigung

der gerügten Mängel verjährt in 2 Jahren, gerechnet vom Zugang des schriftlichen Verlangens an, jedoch nicht vor Ablauf der Regelfristen nach Absatz 4 oder der an ihrer Stelle vereinbarten Frist. Nach Abnahme der Mängelbeseitigungsleistung beginnt für diese Leistung eine Verjährungsfrist von 2 Jahren neu, die jedoch nicht vor Ablauf der Regelfristen nach Absatz 4 oder der an ihrer Stelle vereinbarten Frist endet.

2. Kommt der Auftragnehmer der Aufforderung zur Mängelbeseitigung in einer vom Auftraggeber gesetzten angemessenen Frist nicht nach, so kann der Auftraggeber die Mängel auf Kosten des Auftragnehmers beseitigen lassen.

(6) Ist die Beseitigung des Mangels für den Auftraggeber unzumutbar oder ist sie unmöglich oder würde sie einen unverhältnismäßig hohen Aufwand erfordern und wird sie deshalb vom Auftragnehmer verweigert, so kann der Auftraggeber durch Erklärung gegenüber dem Auftragnehmer die Vergütung mindern (§ 638 BGB).

(7)

1. Der Auftragnehmer haftet bei schuldhaft verursachten Mängeln für Schäden aus der Verletzung des Lebens, des Körpers oder der Gesundheit.
2. Bei vorsätzlich oder grob fahrlässig verursachten Mängeln haftet er für alle Schäden.
3. Im Übrigen ist dem Auftraggeber der Schaden an der baulichen Anlage zu ersetzen, zu deren Herstellung, In-

standhaltung oder Änderung die Leistung dient, wenn ein wesentlicher Mangel vorliegt, der die Gebrauchsfähigkeit erheblich beeinträchtigt und auf ein Verschulden des Auftragnehmers zurückzuführen ist. Einen darüber hinausgehenden Schaden hat der Auftragnehmer nur dann zu ersetzen,

a) wenn der Mangel auf einem Verstoß gegen die anerkannten Regeln der Technik beruht,
b) wenn der Mangel in dem Fehlen einer vertraglich vereinbarten Beschaffenheit besteht oder
c) soweit der Auftragnehmer den Schaden durch Versicherung seiner gesetzlichen Haftpflicht gedeckt hat oder durch eine solche zu tarifmäßigen, nicht auf außergewöhnliche Verhältnisse abgestellten Prämien und Prämienzuschlägen bei einem im Inland zum Geschäftsbetrieb zugelassenen Versicherer hätte decken können.

4. Abweichend von Absatz 4 gelten die gesetzlichen Verjährungsfristen, soweit sich der Auftragnehmer nach Nummer 3 durch Versicherung geschützt hat oder hätte schützen können oder soweit ein besonderer Versicherungsschutz vereinbart ist.
5. Eine Einschränkung oder Erweiterung der Haftung kann in begründeten Sonderfällen vereinbart werden.

§ 14
Abrechnung

(1) Der Auftragnehmer hat seine Leistungen prüfbar abzurechnen. Er hat die Rechnungen übersichtlich aufzustellen

und dabei die Reihenfolge der Posten einzuhalten und die in den Vertragsbestandteilen enthaltenen Bezeichnungen zu verwenden. Die zum Nachweis von Art und Umfang der Leistung erforderlichen Mengenberechnungen, Zeichnungen und andere Belege sind beizufügen. Änderungen und Ergänzungen des Vertrags sind in der Rechnung besonders kenntlich zu machen; sie sind auf Verlangen getrennt abzurechnen.

(2) Die für die Abrechnung notwendigen Feststellungen sind dem Fortgang der Leistung entsprechend möglichst gemeinsam vorzunehmen. Die Abrechnungsbestimmungen in den Technischen Vertragsbedingungen und den anderen Vertragsunterlagen sind zu beachten. Für Leistungen, die bei Weiterführung der Arbeiten nur schwer feststellbar sind, hat der Auftragnehmer rechtzeitig gemeinsame Feststellungen zu beantragen.

(3) Die Schlussrechnung muss bei Leistungen mit einer vertraglichen Ausführungsfrist von höchstens 3 Monaten spätestens 12 Werktage nach Fertigstellung eingereicht werden, wenn nichts anderes vereinbart ist; diese Frist wird um je 6 Werktage für je weitere 3 Monate Ausführungsfrist verlängert.

(4) Reicht der Auftragnehmer eine prüfbare Rechnung nicht ein, obwohl ihm der Auftraggeber dafür eine angemessene Frist gesetzt hat, so kann sie der Auftraggeber selbst auf Kosten des Auftragnehmers aufstellen.

§ 15
Stundenlohnarbeiten

(1)

1. Stundenlohnarbeiten werden nach den vertraglichen Vereinbarungen abgerechnet.
2. Soweit für die Vergütung keine Vereinbarungen getroffen worden sind, gilt die ortsübliche Vergütung. Ist diese nicht zu ermitteln, so werden die Aufwendungen des Auftragnehmers für Lohn- und Gehaltskosten der Baustelle, Lohn- und Gehaltsnebenkosten der Baustelle, Stoffkosten der Baustelle, Kosten der Einrichtungen, Geräte, Maschinen und maschinellen Anlagen der Baustelle, Fracht-, Fuhr- und Ladekosten, Sozialkassenbeiträge und Sonderkosten, die bei wirtschaftlicher Betriebsführung entstehen, mit angemessenen Zuschlägen für Gemeinkosten und Gewinn (einschließlich allgemeinem Unternehmerwagnis) zuzüglich Umsatzsteuer vergütet.

(2) Verlangt der Auftraggeber, dass die Stundenlohnarbeiten durch einen Polier oder eine andere Aufsichtsperson beaufsichtigt werden, oder ist die Aufsicht nach den einschlägigen Unfallverhütungsvorschriften notwendig, so gilt Absatz 1 entsprechend.

(3) Dem Auftraggeber ist die Ausführung von Stundenlohnarbeiten vor Beginn anzuzeigen. Über die geleisteten Arbeitsstunden und den dabei erforderlichen, besonders zu vergütenden Aufwand für den Verbrauch von Stoffen, für Vorhaltung von Einrichtungen, Geräten, Maschinen und maschinellen Anlagen, für Frachten, Fuhr- und Ladeleistun-

gen sowie etwaige Sonderkosten sind, wenn nichts anderes vereinbart ist, je nach der Verkehrssitte werktäglich oder wöchentlich Listen (Stundenlohnzettel) einzureichen. Der Auftraggeber hat die von ihm bescheinigten Stundenlohnzettel unverzüglich, spätestens jedoch innerhalb von 6 Werktagen nach Zugang, zurückzugeben. Dabei kann er Einwendungen auf den Stundenlohnzetteln oder gesondert schriftlich erheben. Nicht fristgemäß zurückgegebene Stundenlohnzettel gelten als anerkannt.

(4) Stundenlohnrechnungen sind alsbald nach Abschluss der Stundenlohnarbeiten, längstens jedoch in Abständen von 4 Wochen, einzureichen. Für die Zahlung gilt § 16.

(5) Wenn Stundenlohnarbeiten zwar vereinbart waren, über den Umfang der Stundenlohnleistungen aber mangels rechtzeitiger Vorlage der Stundenlohnzettel Zweifel bestehen, so kann der Auftraggeber verlangen, dass für die nachweisbar ausgeführten Leistungen eine Vergütung vereinbart wird, die nach Maßgabe von Absatz 1 Nummer 2 für einen wirtschaftlich vertretbaren Aufwand an Arbeitszeit und Verbrauch von Stoffen, für Vorhaltung von Einrichtungen, Geräten, Maschinen und maschinellen Anlagen, für Frachten, Fuhr- und Ladeleistungen sowie etwaige Sonderkosten ermittelt wird.

§ 16
Zahlung

(1)

1. Abschlagszahlungen sind auf Antrag in möglichst kurzen Zeitabständen oder zu den vereinbarten Zeitpunkten zu ge-

währen, und zwar in Höhe des Wertes der jeweils nachgewiesenen vertragsgemäßen Leistungen einschließlich des ausgewiesenen, darauf entfallenden Umsatzsteuerbetrages. Die Leistungen sind durch eine prüfbare Aufstellung nachzuweisen, die eine rasche und sichere Beurteilung der Leistungen ermöglichen muss. Als Leistungen gelten hierbei auch die für die geforderte Leistung eigens angefertigten und bereitgestellten Bauteile sowie die auf der Baustelle angelieferten Stoffe und Bauteile, wenn dem Auftraggeber nach seiner Wahl das Eigentum an ihnen übertragen ist oder entsprechende Sicherheit gegeben wird.

2. Gegenforderungen können einbehalten werden. Andere Einbehalte sind nur in den im Vertrag und in den gesetzlichen Bestimmungen vorgesehenen Fällen zulässig.
3. Ansprüche auf Abschlagszahlungen werden binnen 21 Tagen nach Zugang der Aufstellung fällig.
4. Die Abschlagszahlungen sind ohne Einfluss auf die Haftung des Auftragnehmers; sie gelten nicht als Abnahme von Teilen der Leistung.

(2)

1. Vorauszahlungen können auch nach Vertragsabschluss vereinbart werden; hierfür ist auf Verlangen des Auftraggebers ausreichende Sicherheit zu leisten. Diese Vorauszahlungen sind, sofern nichts anderes vereinbart wird, mit 3 v.H. über dem Basiszinssatz des § 247 BGB zu verzinsen.
2. Vorauszahlungen sind auf die nächstfälligen Zahlungen anzurechnen, soweit damit Leistungen abzugelten sind, für welche die Vorauszahlungen gewährt worden sind.

(3)

1. Der Anspruch auf Schlusszahlung wird alsbald nach Prüfung und Feststellung fällig, spätestens innerhalb von 30 Tagen nach Zugang der Schlussrechnung. Die Frist verlängert sich auf höchstens 60 Tage, wenn sie aufgrund der besonderen Natur oder Merkmale der Vereinbarung sachlich gerechtfertigt ist und ausdrücklich vereinbart wurde. Werden Einwendungen gegen die Prüfbarkeit unter Angabe der Gründe nicht bis zum Ablauf der jeweiligen Frist erhoben, kann der Auftraggeber sich nicht mehr auf die fehlende Prüfbarkeit berufen. Die Prüfung der Schlussrechnung ist nach Möglichkeit zu beschleunigen. Verzögert sie sich, so ist das unbestrittene Guthaben als Abschlagszahlung sofort zu zahlen.
2. Die vorbehaltlose Annahme der Schlusszahlung schließt Nachforderungen aus, wenn der Auftragnehmer über die Schlusszahlung schriftlich unterrichtet und auf die Ausschlusswirkung hingewiesen wurde.
3. Einer Schlusszahlung steht es gleich, wenn der Auftraggeber unter Hinweis auf geleistete Zahlungen weitere Zahlungen endgültig und schriftlich ablehnt.
4. Auch früher gestellte, aber unerledigte Forderungen werden ausgeschlossen, wenn sie nicht nochmals vorbehalten werden.
5. Ein Vorbehalt ist innerhalb von 28 Tagen nach Zugang der Mitteilung nach den Nummern 2 und 3 über die Schlusszahlung zu erklären. Er wird hinfällig, wenn nicht innerhalb von weiteren 28 Tagen – beginnend am Tag nach Ablauf der in Satz 1 genannten 28 Tage – eine prüfbare

Rechnung über die vorbehaltenen Forderungen eingereicht oder, wenn das nicht möglich ist, der Vorbehalt eingehend begründet wird.

6. Die Ausschlussfristen gelten nicht für ein Verlangen nach Richtigstellung der Schlussrechnung und -zahlung wegen Aufmaß-, Rechen- und Übertragungsfehlern.

(4) In sich abgeschlossene Teile der Leistung können nach Teilabnahme ohne Rücksicht auf die Vollendung der übrigen Leistungen endgültig festgestellt und bezahlt werden.

(5)

1. Alle Zahlungen sind aufs äußerste zu beschleunigen.
2. Nicht vereinbarte Skontoabzüge sind unzulässig.
3. Zahlt der Auftraggeber bei Fälligkeit nicht, so kann ihm der Auftragnehmer eine angemessene Nachfrist setzen. Zahlt er auch innerhalb der Nachfrist nicht, so hat der Auftragnehmer vom Ende der Nachfrist an Anspruch auf Zinsen in Höhe der in § 288 Absatz 2 BGB angegebenen Zinssätze, wenn er nicht einen höheren Verzugsschaden nachweist. Der Auftraggeber kommt jedoch, ohne dass es einer Nachfristsetzung bedarf, spätestens 30 Tage nach Zugang der Rechnung oder der Aufstellung bei Abschlagszahlungen in Zahlungsverzug, wenn der Auftragnehmer seine vertraglichen und gesetzlichen Verpflichtungen erfüllt und den fälligen Entgeltbetrag nicht rechtzeitig erhalten hat, es sei denn, der Auftraggeber ist für den Zahlungsverzug nicht verantwortlich. Die Frist verlängert sich auf höchstens 60 Tage, wenn sie aufgrund der besonderen

Natur oder Merkmale der Vereinbarung sachlich gerechtfertigt ist und ausdrücklich vereinbart wurde.

4. Der Auftragnehmer darf die Arbeiten bei Zahlungsverzug bis zur Zahlung einstellen, sofern eine dem Auftraggeber zuvor gesetzte angemessene Frist erfolglos verstrichen ist.

(6) Der Auftraggeber ist berechtigt, zur Erfüllung seiner Verpflichtungen aus den Absätzen 1 bis 5 Zahlungen an Gläubiger des Auftragnehmers zu leisten, soweit sie an der Ausführung der vertraglichen Leistung des Auftragnehmers aufgrund eines mit diesem abgeschlossenen Dienst- oder Werkvertrags beteiligt sind, wegen Zahlungsverzugs des Auftragnehmers die Fortsetzung ihrer Leistung zu Recht verweigern und die Direktzahlung die Fortsetzung der Leistung sicherstellen soll. Der Auftragnehmer ist verpflichtet, sich auf Verlangen des Auftraggebers innerhalb einer von diesem gesetzten Frist darüber zu erklären, ob und inwieweit er die Forderungen seiner Gläubiger anerkennt; wird diese Erklärung nicht rechtzeitig abgegeben, so gelten die Voraussetzungen für die Direktzahlung als anerkannt.

§ 17
Sicherheitsleistung

(1)

1. Wenn Sicherheitsleistung vereinbart ist, gelten die §§ 232 bis 240 BGB, soweit sich aus den nachstehenden Bestimmungen nichts anderes ergibt.
2. Die Sicherheit dient dazu, die vertragsgemäße Ausführung der Leistung und die Mängelansprüche sicherzustellen.

(2) Wenn im Vertrag nichts anderes vereinbart ist, kann Sicherheit durch Einbehalt oder Hinterlegung von Geld oder durch Bürgschaft eines Kreditinstituts oder Kreditversicherers geleistet werden, sofern das Kreditinstitut oder der Kreditversicherer

1. in der Europäischen Gemeinschaft oder
2. in einem Staat der Vertragsparteien des Abkommens über den Europäischen Wirtschaftsraum oder
3. in einem Staat der Vertragsparteien des WTO-Übereinkommens über das öffentliche Beschaffungswesen

zugelassen ist.

(3) Der Auftragnehmer hat die Wahl unter den verschiedenen Arten der Sicherheit; er kann eine Sicherheit durch eine andere ersetzen.

(4) Bei Sicherheitsleistung durch Bürgschaft ist Voraussetzung, dass der Auftraggeber den Bürgen als tauglich anerkannt hat. Die Bürgschaftserklärung ist schriftlich unter Verzicht auf die Einrede der Vorausklage abzugeben (§ 771 BGB); sie darf nicht auf bestimmte Zeit begrenzt und muss nach Vorschrift des Auftraggebers ausgestellt sein. Der Auftraggeber kann als Sicherheit keine Bürgschaft fordern, die den Bürgen zur Zahlung auf erstes Anfordern verpflichtet.

(5) Wird Sicherheit durch Hinterlegung von Geld geleistet, so hat der Auftragnehmer den Betrag bei einem zu vereinbarenden Geldinstitut auf ein Sperrkonto einzuzahlen, über

das beide nur gemeinsam verfügen können („Und-Konto"). Etwaige Zinsen stehen dem Auftragnehmer zu.

(6)

1. Soll der Auftraggeber vereinbarungsgemäß die Sicherheit in Teilbeträgen von seinen Zahlungen einbehalten, so darf er jeweils die Zahlung um höchstens 10 v.H. kürzen, bis die vereinbarte Sicherheitssumme erreicht ist. Sofern Rechnungen ohne Umsatzsteuer gemäß § 13b UstG gestellt werden, bleibt die Umsatzsteuer bei der Berechnung des Sicherheitseinbehalts unberücksichtigt. Den jeweils einbehaltenen Betrag hat er dem Auftragnehmer mitzuteilen und binnen 18 Werktagen nach dieser Mitteilung auf ein Sperrkonto bei dem vereinbarten Geldinstitut einzuzahlen. Gleichzeitig muss er veranlassen, dass dieses Geldinstitut den Auftragnehmer von der Einzahlung des Sicherheitsbetrags benachrichtigt. Absatz 5 gilt entsprechend.
2. Bei kleineren oder kurzfristigen Aufträgen ist es zulässig, dass der Auftraggeber den einbehaltenen Sicherheitsbetrag erst bei der Schlusszahlung auf ein Sperrkonto einzahlt.
3. Zahlt der Auftraggeber den einbehaltenen Betrag nicht rechtzeitig ein, so kann ihm der Auftragnehmer hierfür eine angemessene Nachfrist setzen. Lässt der Auftraggeber auch diese verstreichen, so kann der Auftragnehmer die sofortige Auszahlung des einbehaltenen Betrags verlangen und braucht dann keine Sicherheit mehr zu leisten.
4. Öffentliche Auftraggeber sind berechtigt, den als Sicherheit einbehaltenen Betrag auf eigenes Verwahrgeldkonto zu nehmen; der Betrag wird nicht verzinst.

(7) Der Auftragnehmer hat die Sicherheit binnen 18 Werktagen nach Vertragsabschluss zu leisten, wenn nichts anderes vereinbart ist. Soweit er diese Verpflichtung nicht erfüllt hat, ist der Auftraggeber berechtigt, vom Guthaben des Auftragnehmers einen Betrag in Höhe der vereinbarten Sicherheit einzubehalten. Im Übrigen gelten die Absätze 5 und 6 außer Nummer 1 Satz 1 entsprechend.

(8)

1. Der Auftraggeber hat eine nicht verwertete Sicherheit für die Vertragserfüllung zum vereinbarten Zeitpunkt, spätestens nach Abnahme und Stellung der Sicherheit für Mängelansprüche zurückzugeben, es sei denn, dass Ansprüche des Auftraggebers, die nicht von der gestellten Sicherheit für Mängelansprüche umfasst sind, noch nicht erfüllt sind. Dann darf er für diese Vertragserfüllungsansprüche einen entsprechenden Teil der Sicherheit zurückhalten.
2. Der Auftraggeber hat eine nicht verwertete Sicherheit für Mängelansprüche nach Ablauf von 2 Jahren zurückzugeben, sofern kein anderer Rückgabezeitpunkt vereinbart worden ist. Soweit jedoch zu diesem Zeitpunkt seine geltend gemachten Ansprüche noch nicht erfüllt sind, darf er einen entsprechenden Teil der Sicherheit zurückhalten.

§ 18

Streitigkeiten

(1) Liegen die Voraussetzungen für eine Gerichtsstandvereinbarung nach § 38 der Zivilprozessordnung vor, richtet sich der Gerichtsstand für Streitigkeiten aus dem Vertrag nach dem

Sitz der für die Prozessvertretung des Auftraggebers zuständigen Stelle, wenn nichts anderes vereinbart ist. Sie ist dem Auftragnehmer auf Verlangen mitzuteilen.

(2)

1. Entstehen bei Verträgen mit Behörden Meinungsverschiedenheiten, so soll der Auftragnehmer zunächst die der auftraggebenden Stelle unmittelbar vorgesetzte Stelle anrufen. Diese soll dem Auftragnehmer Gelegenheit zur mündlichen Aussprache geben und ihn möglichst innerhalb von 2 Monaten nach der Anrufung schriftlich bescheiden und dabei auf die Rechtsfolgen des Satzes 3 hinweisen. Die Entscheidung gilt als anerkannt, wenn der Auftragnehmer nicht innerhalb von 3 Monaten nach Eingang des Bescheides schriftlich Einspruch beim Auftraggeber erhebt und dieser ihn auf die Ausschlussfrist hingewiesen hat.
2. Mit dem Eingang des schriftlichen Antrages auf Durchführung eines Verfahrens nach Nummer 1 wird die Verjährung des in diesem Antrag geltend gemachten Anspruchs gehemmt. Wollen Auftraggeber oder Auftragnehmer das Verfahren nicht weiter betreiben, teilen sie dies dem jeweils anderen Teil schriftlich mit. Die Hemmung endet 3 Monate nach Zugang des schriftlichen Bescheides oder der Mitteilung nach Satz 2.

(3) Daneben kann ein Verfahren zur Streitbeilegung vereinbart werden. Die Vereinbarung sollte mit Vertragsabschluss erfolgen.

(4) Bei Meinungsverschiedenheiten über die Eigenschaft von Stoffen und Bauteilen, für die allgemein gültige Prüfungsverfahren bestehen, und über die Zulässigkeit oder Zuverlässigkeit der bei der Prüfung verwendeten Maschinen oder angewendeten Prüfungsverfahren kann jede Vertragspartei nach vorheriger Benachrichtigung der anderen Vertragspartei die materialtechnische Untersuchung durch eine staatliche oder staatlich anerkannte Materialprüfungsstelle vornehmen lassen; deren Feststellungen sind verbindlich. Die Kosten trägt der unterliegende Teil.

(5) Streitfälle berechtigen den Auftragnehmer nicht, die Arbeiten einzustellen.